常微分方程式の解法

荒井 迅 著

新井仁之／小林俊行／斎藤　毅／吉田朋広　編

15

数・学・探・検

共立講座

共立出版

刊行にあたって

数学の歴史は人類の知性の歴史とともにはじまり，その蓄積には膨大なものがあります．その一方で，数学は現在もとどまることなく発展し続け，その適用範囲を広げながら，内容を深化させています．「数学探検」，「数学の魅力」，「数学の輝き」の3部からなる本講座で，興味や準備に応じて，数学の現時点での諸相をぜひじっくりと味わってください．

数学には果てしない広がりがあり，一つ一つのテーマも奥深いものです．本講座では，多彩な話題をカバーし，それでいて体系的にもしっかりとしたものを，豪華な執筆陣に書いていただきます．十分な時間をかけてそれをゆったりと満喫し，現在の数学の姿，世界をお楽しみください．

「数学探検」

数学の入り口を，興味に応じて自由に探検できる出会いの場です．定番の教科書で基礎知識を順に学習するのだけが数学の学び方ではありません．予備知識がそれほどなくても十分に楽しめる多彩なテーマが数学にはあります．

数学に興味はあっても基礎知識を積み上げていくのは重荷に感じられるでしょうか？　そんな方にも数学の世界を発見できるよう，大学での数学の従来のカリキュラムにはとらわれず，予備知識が少なくても到達できる数学のおもしろいテーマを沢山とりあげました．そのような話題には実に多様なものがあります．時間に制約されず，興味をもったトピックを，ときには寄り道もしながら，数学を自由に探検してください．数学以外の分野での活躍をめざす人に役立ちそうな話題も意識してとりあげました．

本格的に数学を勉強したい方には，基礎知識をしっかりと学ぶための本も用意しました．本格的な数学特有の考え方，ことばの使い方にもなじめるように高校数学から大学数学への橋渡しを重視してあります．興味と目的に応じて，数学の世界を探検してください．

編集委員

はじめに

　この本は常微分方程式に関する本である．常微分方程式を解く必要に迫られたときにいったい何をどうしたらいいのか，その手続きを解説する．微分方程式とは何なのか，またそれを「解く」とはどんな行為なのかを考えることから始め，線形常微分方程式の解き方や，様々な求積法について学ぶ．

　類書はそれこそ山のようにあるが，一般的な固い教科書と，寝ころんで読めるような柔らかい副読本の中間を本書は狙った．求積法や線形系の取り扱い，解の存在と一意性の証明など，常微分方程式の教科書と名乗るのに最低限必要な内容はひと通りカバーしている．その一方で，変数分離法や定数変化法といった定番の解法について，なぜその解法で解けるかを納得してもらうための解説に重きを置いた．そのため，既に理解している読者にはくどく感じる部分も多くあると思う．そこは副読本的に寝ころがって読み飛ばしていただきたい．

　幾何学的な理解を重視し，ベクトル場を用いた力学系的な解説を行なうことも本書の特徴である．また，応用の場面で実際に目にする常微分方程式には，手で解くのが難しいものや，原理的に解を書き下すことが不可能なものも多く，そのような場面ではコンピュータを用いた取り扱いが求められる．そこで，数式処理・数値計算ソフトウェアを利用した解法も本書では具体的に解説した．

　本書を読むための予備知識としては，線形代数と微分積分学を仮定しているが，それらを完璧に理解している必要はない．むしろ，常微分方程式を解くという具体的な目標のために，ジョルダン標準形やテイラー展開といった基本的なツールがいかに活躍するかをみて，線形代数や微分積分学を学習する動機としてもらいたい．

　本書を執筆するうえで，北海道大学で数年にわたり行なった学部生セミナーでの議論が役に立った．アーノルドの含蓄のある（あり過ぎる）教科書 [1] に真剣に取り組んだセミナー参加者の皆さんにお礼を申し上げたい．原稿を精読し，大量の修正点を見つけていただいた竹内博志さんや，査読をしていただいた先生のご協力にも感謝したい．また，大幅に遅れた執筆を励ましつつ待っていただいた，共立出版の大谷早紀さんにはいくら感謝しても感謝しきれない．ありがとうございました．

目　　次

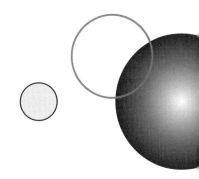

第1章

常微分方程式とは

この本のテーマである常微分方程式とはいったい何なのか．どのような種類があるのか．また，常微分方程式を「解く」とはどのような行為なのか．具体的な解法を学ぶ前に，そういった基本的な疑問について考えてみよう．

1.1 何についての方程式か

中学校や高等学校では，方程式といえば2次方程式

$$ax^2 + bx + c = 0$$

のように未知数 x がみたすべき等式のことであった．そして，その式を手掛りに未知なる x を発見することが，「方程式を解く」ということであった．この2次方程式の場合，解の公式を用いれば

$$x = \frac{-b \pm \sqrt{b^2 - 4ac}}{2a}$$

と，方程式をみたす x をすべて見つけることができる．

見つけたい未知のものが「数」ではなく「関数」であり，手掛りとして与えられるのがその関数の導関数を含む等式であるとき，与えられた等式を **微分方程式** という．

例えば

$$\frac{dx}{dt} = x \tag{1.1}$$

は最も簡単な微分方程式である．求めたい未知のものは x であるが，左辺において x が t で微分されていることから，x は数ではなく関数 $x(t)$ を意味している．この $x(t)$ が微分方程式 (1.1) の **未知関数** である．未知関数 $x(t)$ の導関数 $\dfrac{dx}{dt}$ が関数 $x(t)$ 自身と一致するという関係が，(1.1) が与える手掛りである．

　微分方程式の解法などと大袈裟なことを言わなくても，指数関数を微分するとふたたび指数関数になるという微積分の知識があれば，指数関数が (1.1) をみたすことは簡単にわかる．すなわち，任意の定数 C に対して $x(t) = Ce^t$ とおくと，$x(t)$ は (1.1) をみたす．

　このように，与えられた手掛りを活用して未知関数を見つけることが微分方程式を解くということであるが，いつも解が指数関数のようなよく知られている関数として見つかるわけではない．ではどうやって未知関数を見つけたらよいか．そのための様々な技法を学ぶのが本書の第一の目的である．実際には，どう工夫しても関数の形が具体的に求まらないこともある．そのような場合にどうしたらよいかという方針を知ることことも本書の重要なテーマである．

　未知関数 $x(t)$ の引数である t のことを **独立変数** という．方程式 (1.1) を，独立変数を省略せずに書くと

$$\frac{d}{dt}x(t) = x(t) \quad \text{もしくは} \quad \frac{dx}{dt}(t) = x(t)$$

となる．この表記の方が間違いが少なそうだが，表記が煩雑になるので独立変数は省略して書くことが多い．また，未知関数や独立変数にはどの文字を使ってもかまわない．(1.1) では未知関数は x，独立変数は t であったが，これらをそれぞれ y と x にして

$$\frac{dy}{dx} = y$$

としても同じ方程式である．

　微分方程式は時間とともに変化する現象を調べるために用いられることが多く，その場合は独立変数として時間（時刻）を用いるのが自然である．このときは time の頭文字 t をとって独立変数の文字とするのが一般的である．本書でも独立変数には主に t を使っていくことにする．独立変数が時間 t のときは，t に関する微分を

$$\dot{x} = \frac{dx}{dt}, \quad \ddot{x} = \frac{d^2x}{dt^2}, \quad \cdots$$

とドットを使って表現することが多い. これはニュートン流の記法である.

　独立変数に x を用いて, 未知関数を $y(x)$ とすることもある. こうすると $y(x)$ のグラフを平面上の曲線として表すとき, 座標が x と y になり, 都合がよい. y を x で微分する場合には

$$y' = \frac{dy}{dx}, \quad y'' = \frac{d^2y}{dx^2}, \quad \cdots$$

とドットではなくプライムで微分を表現することが多いが, これはラグランジュ流の記法である. ちなみに上式の右辺に出てくる, d を用いた微分の記法はライプニッツ流である[1].

　独立変数は一つだけとは限らない. 例えば,

$$\frac{\partial^2 u}{\partial x^2} + \frac{\partial^2 u}{\partial y^2} = 0 \tag{1.2}$$

は, 独立変数 x, y をもつ未知関数 $u(x, y)$ についての方程式で, x についての 2 階微分と y についての 2 階微分を足すと 0 になるという関係を表している. これも微分方程式の一種で, ラプラス方程式という名前をもつ有名な方程式である. ラプラス方程式をみたす関数は調和関数と呼ばれ, 数学でも物理でも重要な役割を果たす. 例えば 1 次関数 $u(x, y) = ax + by$ は, x についての 2 階偏微分も y についての 2 階偏微分も 0 なので, ラプラス方程式をみたすことがすぐにわかる. また $u(x, y) = x^2 - y^2$ とおくと, これも解となる. 微積分学において, 2 階微分が関数のグラフの曲がりかたを表していたことを思い出すと, (1.2) は $z = u(x, y)$ という曲面の x 方向の曲がりかたと y 方向の曲がりかたがどの点でもちょうど正負で釣り合っていることを意味している. このことは調和関数という名前の由来でもある.

　(1.1) のように未知関数が 1 変数関数の微分方程式を **常微分方程式** と呼び, (1.2) のように未知関数が多変数関数の微分方程式を **偏微分方程式** と呼ぶ. 本

---

[1] 同じ概念に様々な記法があるのはやっかいだが, 歴史的な事情もあり今さら統一するのは無理であろう. 慣れてしまえば, 方程式のどの側面に注目したいかという気分で記号を使いわけることができ, これはこれで悪くない気もする.

書で扱うのはこのうち常微分方程式である．独立変数の数が増えたぶんだけ偏微分方程式のほうが難しいのは当然だが，単に変数の数が増えたという以上に，常微分方程式と偏微分方程式では質的な違いも大きい．

　あとで述べるように常微分方程式はよほど変なものでなければ常に解が存在する．しかし，偏微分方程式には解がいつ存在するかよくわからないものもある．有名なところでは，流体の運動を記述するナビエ・ストークス方程式という偏微分方程式がそうである．天気予報や自動車の設計では，ナビエ・ストークス方程式の近似解をコンピュータで数値的に求めて空気の流れをシミュレーションし，大きな成功を収めている．このことからも，ナビエ・ストークス方程式が物理的には流体の運動をよく記述していることは間違いなさそうなのだが，数学的にはどのような条件のもとで解をもつか[2]など，まだわからないことが多い．偏微分方程式については [8] などを参照されたい．

　本書では常微分方程式について学んでいくのだが，常微分方程式の最も基本的な役割は，時間と共に変化する現象の法則を記述することである．法則が常微分方程式で記述されていれば，その解を求めることで未来や過去を推測することができる．例えば，

$$m\frac{d^2x}{dt^2} = -mg \tag{1.3}$$

という方程式を考えよう．物理で習うように，これは地球の表面近くで重力に従って鉛直方向に動く物体の運動（自由落下）を表した方程式である（図 1.1）．独立変数は時間 t であり，未知関数は鉛直方向の位置 $x(t)$ である．そのほかに方程式に現れる m は物体の質量，g は重力加速度であり，どちらも時間によって変化しない定数とする．物理的な量の数値を定めるためには単位を選ばなくてはならない．ここでは t には秒，x にはメートル，m にはグラムを使うことにする．重力加速度は実験的に定まる値であるが，以下では $g = 9.8\,\mathrm{m/s}^2$ としよう．

　方程式 (1.3) の両辺を m で割り，両辺を t で積分すると

$$\frac{dx}{dt} = -gt + C_1$$

---

[2]この問題はクレイ研究所が 2000 年に発表した，「ミレニアム問題」の一つである．

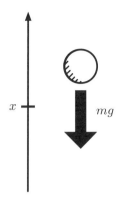

図 1.1　自由落下

が得られる．さらにもう一度 t で積分すると

$$x(t) = C_0 + C_1 t - \frac{g}{2} t^2 \tag{1.4}$$

となる．ここで C_0, C_1 は積分定数である．こうして得られた $x(t)$ が C_0 や C_1 の値によらず (1.3) をみたすことは，(1.4) の両辺を 2 回微分してみればすぐにわかる．このように微分方程式をみたす関数のことを微分方程式の **解** と呼ぶ．積分が 2 回必要だったのは (1.4) が x の 2 階微分を含む方程式だからであり，積分するたびに新しい積分定数が登場したことを覚えておこう．

　式 (1.4) の C_0, C_1 のように勝手に選んでよい定数を **任意定数**，もしくは微積分学と同じ用語を用いて **積分定数** と呼ぶ．積分定数を含む形で表現された微分方程式の解を **一般解** という．一般解は関数そのものというよりも，積分定数をパラメータとしてもつ，関数の集まりと理解すべきものである．(1.4) の場合であれば，C_0 を $t = 0$ での x 切片 $x(0)$，C_1 を $t = 0$ での傾き $\frac{dx}{dt}(0)$ とするような 2 次曲線の集まりである（図 1.2）．一般解に含まれる積分定数をすべて指定すると，一般解が表す関数の集まりからある特定の関数を選び出すことができる．これを **特殊解** という．

　何をすれば常微分方程式を「解いた！」といえるかは状況により異なるが（1.3 節で詳しく考える），一般解を求めることができれば，まず解けたといってよいであろう．一般解があれば特殊解はそこから容易に得られるからである．とこ

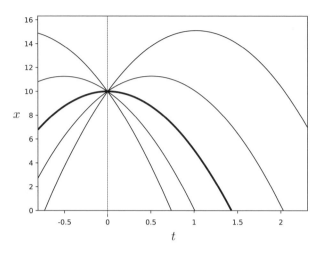

図 1.2　一般解 (1.4) から $C_0 = 10$, $C_1 = -10, -5, 0, 5, 10$ として得た特殊解たち

ろが，実際の問題では一般解が求められないことも多い．そのような場合，考える条件をみたす特殊解だけに注目して解を求めることもある．コンピュータを駆使して特殊解を数値的に精度よく求める手法を **数値解法** と呼び，第 6 章で学ぶ．

　一般解と特殊解の関係を少し考えてみよう．一般解が得られたとしても，それだけで具体的に物体の未来の位置が決まるわけではない．未来を定めるためには，積分定数を定めて特殊解を選び出す必要がある．どのように定めるかというと，物体の現在時刻での状況を一般解に入力して，解がそれに適合するように定数を選ぶ．(1.4) によれば自由落下の問題の場合，定めるべき定数は C_0, C_1 の二つある．例えば現在の時刻を $t = 0$ として，その瞬間に物体が高さ 10 メートルの位置で静止しているとしよう．高さ 10 メートルの台からそっとボールを落とす状況である．この場合，

$$x(0) = 10, \quad \frac{dx}{dt}(0) = 0 \tag{1.5}$$

が現在時刻での状況である．先に得られた一般解 (1.4) に $t = 0$ を代入すると $x(0) = 10$ なので，$C_0 = 10$ となる．また，(1.4) を微分して得られる $\frac{dx}{dt}(t) = C_1 - gt$ に $t = 0$ を代入すると，$C_1 = 0$ となり，求める関数は

$x(t) = 10 - (g/2) t^2$ とわかった．これが今の条件に適合する特殊解であり，図 1.2 の太線にあたる．この特殊解から $x(t) = 0$ となる $t > 0$ を求めると $t \fallingdotseq 1.4$ となる．これより，高さ 10 メートルから落下するボールが地面に激突するのに約 1.4 秒かかることがわかる[3]．定めるべき定数が二つあるので，$t = 0$ での初期条件も (1.5) のように二つ必要であったことに注意しよう．一般に n 階の微分を含む方程式の一般解は積分定数を n 個もつため，初期条件も

$$x(0),\ \frac{dx}{dt}(0),\ \frac{d^2 x}{dx^2}(0), \ldots, \frac{d^{n-1} x}{dx^{n-1}}(0)$$

と n 個を指定する必要がある（2.1.6 項を参照のこと）．

　このように，関数 $x(t)$ やその導関数たちのある時刻 $t = \tau$ における値を指定して特殊解を求める問題を，微分方程式の **初期値問題** といい，指定した値を **初期値** という．自由落下の例のように一般解が既に求められている場合には，積分定数を初期値に適合するように選ぶことで初期値問題が解ける．

　特殊解を求める問題の重要なタイプとして，初期値問題以外に **境界値問題** もある．初期値問題の条件はある一つの時刻 $t = \tau$ において与えられたが，境界値問題の場合は条件が二つの t で与えられる．例えばボールの自由落下を考えると，時刻 $t = 0$ でボールが高さ 10 メートルの位置にあり，時刻 $t = 2$ で高さが 0 となって地面に衝突するような場合である．この解を探してみよう．与えられた条件は

$$x(0) = 10, \quad x(2) = 0$$

であり，これを一般解 (1.4) に入れることにより，

$$10 = C_0, \quad 0 = C_0 + 2C_1 - 2g$$

という連立方程式が得られる．これを解けば $C_1 = g - 5$ となり，$g = 9.8\,\mathrm{m/s^2}$ とすれば $C_1 = 4.8\,\mathrm{m/s}$ である[4]．すなわち，時刻 $t = 0$ で上向きに速度 $4.8\,\mathrm{m/s}$ で放り投げると，時刻 $t = 2$ でちょうど着地する．積分定数が二つなので，与えるべき条件も二つである．$t = 0$ と $t = 2$ での位置 $x(t)$ を指定してしまう

---

[3] ちなみに月面上では $g \fallingdotseq 1.6\ \mathrm{m/s^2}$ なので約 3.5 秒かかる．
[4] 物理量としては C_1 は速度，g は加速度の次元をもつので $C_1 = g - 5$ では次元が揃っていないように見えるが，これは代入された $t = 2$（秒）が見えていないためである．

と，もうこれで二つなので速度 $\dot{x}(t)$ は指定できない．無理に指定すると，積分定数を決める連立方程式が解なしになってしまう．

　上の計算では，二つの時刻 $t = \tau_0$ と $t = \tau_1$ での $x(t)$ を

$$x(\tau_0) = \xi_0, \quad x(\tau_1) = \xi_1 \tag{1.6}$$

のように指定している．このような条件を **ディリクレ境界条件** という．位置 $x(t)$ でなく $\dot{x}(t)$ を

$$\dot{x}(\tau_0) = v_0, \quad \dot{x}(\tau_1) = v_1 \tag{1.7}$$

のように指定することもあり，これは **ノイマン境界条件** という．また，ある時刻では $x(t)$ を，別の時刻では $\dot{x}(t)$ を指定することもある．これを **混合境界条件** という．

問題 1.1　自由落下の方程式 (1.3) において，ノイマン境界条件や混合境界条件を与えることの物理的な意味を考えよ．

　微分方程式に高い階数の微分が含まれる場合にはさらにいろいろな混合条件の与えかたが考えられるが，n 個の積分定数を決定するためには n 個の条件が必要なことは同様である．

1.2　常微分方程式と現象

　前節でみた自由落下の例のように，物理法則の数学的な表現は微分方程式で与えられることが多い．微分が関数の変化率を表現していることから，変化する量を数学的に扱おうとすると，自然と微分方程式が出てくるのである．未来を予測したり，現象の本質を理解したりするために微分方程式は広く活躍している．

　本書では微分方程式をあくまで数学の対象として扱うので，現象との関係に深くは立ち入らないが，具体的な方程式を扱ううえではもとの現象を意識して考えることが大事であり，また有用である．

　微分方程式が現象の法則を記述するといっても，方程式を作るときには何らかの近似や理想化を行なうのが普通であり，方程式の解が現象とそのまま対応するわけではない．

例えば自由落下の方程式 (1.3) において空気抵抗のことは考慮されていない．重力加速度も厳密には定数ではなく，地表との距離に依存する．鉄球を塔から落とすときには (1.3) による予測はよく現実と合うが，大気圏に突入する宇宙船の軌道を求めるために (1.3) を用いたら無意味な結果が出てしまう．

だからといって，常に考えうるすべての要素を取り込んだ複雑な方程式を考えればよいというわけではない．野球のボールの軌道を求めるとき，空気抵抗は無視できないが，重力加速度の変化を考えるのはナンセンスである．それは計算を不必要に難しくし，問題の本質をみづらくしてしまう．

このように，現象を微分方程式で記述するときには，考えている問題の時間的・空間的なスケールや，無視できる要素と無視できない要素の切り分けについて深く考察しないといけない．

様々な現象について，微分方程式などの数学の道具を用いて作られる表現を一般に「数理モデル」という．数理モデルの良さをどう判定するか，またどうすれば良い数理モデルが作れるかという問題は難しく，数学だけではなく現象についても深い理解が必要となる．

1.3 解くということ

「常微分方程式の解法」というタイトルであるからには，常微分方程式を解く方法を解説しなくてはならないのだが，実は「解く」という言葉は状況に応じていろんな数学的な操作を意味しうる．その違いをはっきりさせないと，これから学ぶ様々な解法の関係がわからなくなってしまう．そこで本節では，解くということの意味を考え直しておきたい．

少し遠回りに思えるかもしれないが，解くという作業について反省するために，微分方程式ではない，ただの方程式のことをもう一度考えよう．例えば

$$x^2 + x - 1 = 0$$

という方程式を解けと言われたらどうするか．この章の冒頭で触れたように，2次方程式の解の公式を用いれば，解は

$$\frac{-1+\sqrt{5}}{2}, \quad \frac{-1-\sqrt{5}}{2}$$

の二つであり，それしかないことが簡単にわかる．では，

$$x^5 - x + 1 = 0$$

ではどうか．これは簡単ではない．5 次方程式の解の公式があればよいのだが，
あいにくそういうものは存在しない．

ボックス付き： **アーベル・ルフィニの定理**　　5 次以上の次数の代数方程式に対して，解の公
式は存在しない．

　この定理は，これまで人類が頑張ったにもかかわらず 5 次方程式の解の公式
がまだ見つかっていない，という意味ではない．どんなに頑張っても絶対に解
の公式を作ることはできないというのが定理の主張である[5]．
　では解は存在しないのであろうか？　そんなことはない．次の定理によると
確かに解は存在している．

代数学の基本定理　　n 次の代数方程式

$$a_n x^n + a_{n-1} x^{n-1} + \cdots + a_1 x + a_0 = 0$$

は，（重複度を込みで数えて）ちょうど n 個の解を複素数の範囲でもつ[6]．

　アーベル・ルフィニの定理と代数学の基本定理は矛盾しない．解の公式は存
在しないが，解そのものは確かに存在しているのである．
　解が存在することだけがわかっても，それを求める公式がなくては役に立た
ないではないかという疑問が生じるかもしれない．しかし，方程式の解が存在

---

　　[5]定理の主張するところをはっきりさせるには，「解の公式」という言葉でどのような式を意味して
いるかを定めないといけない．ここでは方程式の係数から四則演算と $\sqrt{\ }$ や $\sqrt[n]{\ }$ などのベキ根を用い
て構成される式としておく．実は，ベキ根よりも強力な操作を許すと 5 次方程式に対しても解を明示
的に書き下せることが知られている．しかしその公式はゲルファントの超幾何関数を用いるもので，4
次までの解の公式のように解の計算に具体的に役立てるのは難しい．アーベル・ルフィニの定理につい
て，詳しくは今野一宏『代数方程式のはなし』（内田老鶴圃）などを参照されたい．
　　[6]代数学の基本定理の証明は，例えば [10] の第 4 章などにある．

するという事実を基盤に様々な数学の理論が構築されており，その多くで必要になるのは解の公式ではなく，解が存在するという事実そのものである．

　また，具体的な応用の場面でも，方程式を解けと言われて求められているのは，解の公式ではなく解の具体的な数値であることが多い．そして，具体的な数値は解の公式を用いなくても求められるのである．ふたたび代数方程式の例で考えると，5次以上の代数方程式に対して解の公式は存在しないが，解の数値はニュートン法などの方法で近似値を求めることができる．

　ニュートン法を簡単に解説すると，

$$f(x) = 0$$

という方程式を解くために，

$$N(x) = x - \frac{f(x)}{f'(x)}$$

という関数と適当な初期値 x_0 を用いて

$$x_0, \quad x_1 := N(x_0), \quad x_2 := N(x_1), \quad x_3 := N(x_2), \dots$$

という数列を生成する技法のことである．x_1 は，点 $(x_0, f(x_0))$ での $f(x)$ の接線が x 軸と交わる点の x の値である．図 1.3 を見ると，x_0 に比べて x_1 が真の

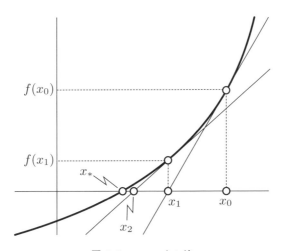

図 1.3 ニュートン法

解 x_* にずっと近くなっていることがわかる. 上の点列は（かなり一般的な仮定のもとで）$f(x) = 0$ の解のどれかに収束することが知られている. 大事なのは，ニュートン法を実行するときに真の解を知らなくてもよいということである. ニュートン法で得られる数列は一般に解そのものにはならず，それに無限に近づくだけであるが，実用的には近似値が求められればそれで役に立つことが多いのである.

代数方程式に対して展開される以上のストーリーは，ほぼ同様に常微分方程式でも起きている.

常微分方程式でも，最初は解の公式からスタートした. ニュートンによる微積分の発見以来，常微分方程式を解くというのは解を解析的な関数として書き下す，すなわち収束するベキ級数で解を表示することを意味していた. 代数方程式でいえば解の公式を求めることにあたる.

その時代から常微分方程式の応用として注目を集めていた問題の一つが，天体力学に由来する n 体問題である. これは n 個の天体が互いの重力に引かれながら運動するときの軌道を求めよという問題である（図 1.4)[7]. 天体の位置を $x_1, x_2, \ldots, x_n \in \mathbb{R}^3$，それぞれの質量を $m_1, m_2, \ldots, m_n$ とすると，n 体問

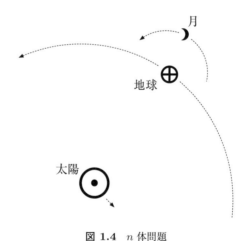

図 **1.4** n 体問題

---

[7]この難問をめぐる様々なドラマについては [15] が面白い.

題は

$$m_i \ddot{x}_i = \sum_{j \neq i} \frac{Gm_i m_j (x_j - x_i)}{\|x_j - x_i\|^3} \quad (i = 1, 2, \ldots, n)$$

という方程式で記述される．ここで G は万有引力定数である．天体が二つだけの 2 体問題の場合，解は楕円を用いて記述できることがニュートンの時代から知られていたのだが，3 体以上の場合には解を解析的な関数で書き下す一般的な方法は存在しないとポアンカレが証明してしまった．19 世紀の終わりのことである．これは代数方程式の場合のアーベル・ルフィニの定理にあたる主張である．

いっぽうで，代数学の基本定理に対応する常微分方程式の定理は，第 5 章で証明する次のものである．

定理 1.2　常微分方程式 $\dot{x} = v(t, x)$ を考える．右辺の関数 v が「リプシッツ連続性」をみたせば，任意の初期値 $x(t_0) = x_0$ に対して初期値をみたす方程式の解が $t = t_0$ の近くでただ一つ存在する．

リプシッツ連続性の定義はまだ与えていない（定義 5.5）が，右辺の v が微分可能な関数であればみたされる性質である．我々が普段目にする微分方程式は微分可能な右辺で与えられているので，定理の仮定は普通はみたされていると思ってよい．この定理により，n 体問題にも解は確かに存在することがわかる[8]．解は存在するけれど解析的に書き下すことができないというのがポアンカレが示したことで，ちょうど 5 次以上の代数方程式と同じ状況である．

　ポアンカレの研究は解の公式が存在しないことを示しただけでは終わらなかった．その次に来る彼の重要な発想は，たとえ解を関数として表示できなくても，解の重要な性質は議論できるのではないかというものであった．例えば，解は無限の時間まで延長できるのか，また時間が $+\infty$ や $-\infty$ に向かうときに，軌道は有界な領域に留まるのか，それとも無限遠に飛んでいってしまうのか．これは，太陽系の天体が未来永劫太陽の近くを回りつづけるのか，それともどこかへ飛んでいってしまったり，惑星同士の衝突が起きてしまったりするのかと

---

[8] 厳密には，少なくとも「初期時刻の近くで」解が存在することが定理より従う．

いった現実的な興味にも関係する．ポアンカレはこういった質的な問いに答えるための道具として位相幾何学という新しい数学を創始し，現在では力学系と呼ばれる分野の嚆矢となる研究も行なった．力学系については第 7 章で触れるが，ここでは解を具体的に書き下せなくてもわかる性質とはどんなものか，ふたたび代数方程式の例でみてみよう．

定理 1.3　奇数次の代数方程式の解のうち，少なくとも一つは実数である．

証明　方程式を $x^m + a_{m-1}x^{m-1} + \cdots + a_1 x + a_0 = 0$ としよう．これを

$$x^m \left(1 + \frac{a_{m-1}}{x} + \cdots + \frac{a_1}{x^{m-1}} + \frac{a_0}{x^m} \right) = 0$$

と書き直すと，m が奇数であることから，左辺の値は $x \to +\infty$ で $+\infty$ に，$x \to -\infty$ で $-\infty$ に発散する．よって左辺は正の値と負の値を必ずとる．中間値の定理からある ξ が存在して $x = \xi$ で左辺は 0 になる（図 1.5）．　■

この証明には解の具体的な形は何も出てこないことに注意しよう．x が $\pm\infty$

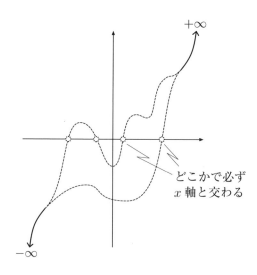

図 1.5　奇数次の関数

に向かうときの大まかな関数の振る舞いと，中間値の定理という位相幾何学的な定理から，解の一つ実数になるという性質が導けるのである．

　常微分方程式に対する位相的な議論の本質も似たようなものであり，微分方程式の大まかな振る舞いから解の存在や性質がわかる．

　代数方程式の場合は，たとえ解の公式がなくてもニュートン法で近似値を求めることができた．常微分方程式の場合も同様の数値解法が多く研究されており，それらについては第 6 章で触れることにする．

　これまでみてきたように，常微分方程式を解くときには，どのような意味で解く必要があるのかをまず考える必要がある．

　　（イ）一般解の関数型を知りたい　　　　⇒ 第 3 章，第 4 章，第 8 章

　　（ロ）解が存在するという事実が必要　　　　　　⇒ 第 5 章

　　（ハ）解の数値が必要　　　　　　　　⇒ 第 6 章，第 8 章

　　（ニ）解の大まかな挙動が知りたい　　　　　　⇒ 第 7 章

　　（イ）のためにはうまい積分の方法を見つける必要があり，いつでもできるものではない．しかし，変数分離形や完全微分形などの有名な場合（第 3 章）や，線形方程式の場合（第 4 章）には一般解を求めることが可能である．現代ではコンピュータにこの作業をやってもらうこともあるので，第 8 章でその方法について触れた．

　　（ロ）の場合，具体的な常微分方程式について確かめるのはそんなに難しくない．解の存在を保証するための十分条件は，方程式の右辺のリプシッツ連続性や微分可能性である（第 5 章）．

　　（ハ）の数値解法については，理論的な部分は第 6 章で，具体的なコンピュータの利用については第 8 章で扱っている．

　　（ニ）の大まかな挙動とは，時間が無限大にいくときに解が有界に留まるかといった，質的な問いに対する答えを意味している．量的ではなく質的な性質を問う問題はコンピュータがいまだ苦手とする領域であり，主に力学系理論を用いて考えることになる（第 7 章）．

　解くということに関連して最後に注意しておきたいのは，方程式から解を得

ることよりも，解から方程式を見つけることのほうが格段に難しいという事実
である．例えば，自由落下の方程式 (1.3) や n 体問題の方程式を眺めれば，力
がどのように物体に働くか理解できるし，必要ならば解を求めることも，場合
により可能である．しかし，自由落下するリンゴや，夜空の星の運行を見て微
分方程式を作れるかというと，普通は作れない．それはガリレオやニュートン
といった天才たちをもって初めて可能になった偉業なのである．

　ざっくり言うと，解よりも方程式のほうが偉い．常微分方程式を見たら闇雲
に解こうとするよりも，まずは常微分方程式そのものをじっくり眺めることを
おすすめしたい．

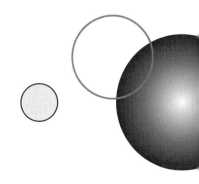

第2章

常微分方程式を解くための準備

2.1 常微分方程式の種類

常微分方程式にも様々な種類がある。種類ごとに方程式を解くための方針も変わってくるので、基本的な分類を知っておこう。

2.1.1 常微分方程式の階数

常微分方程式は未知関数 $x(t)$ について高い階数の微分を含むことがある。例えば1.2節でみた方程式のうち、(1.1) は1階の微分しか含まないが、自由落下の方程式 (1.3) は2階微分を含む。また、自由落下の方程式に速度の2乗に比例する空気抵抗の効果を取り入れた方程式

$$m\frac{d^2x}{dt^2} = -mg + \mu\left(\frac{dx}{dt}\right)^2 \tag{2.1}$$

は2階と1階の微分を両方含む（μ は物体の大きさや形で決まる係数である）[1]。

常微分方程式の解の挙動は、方程式に含まれる最も高い階数の微分に強く影響されることが多いので、その階数を方程式の **階数** と呼ぶ。例えば (1.1) は1階の方程式であり、(1.3) や (2.1) は2階の方程式である。

---

[1] いまは落下中に速度が負の値をとる状況を考えているので、空気抵抗は正の向きに働いている。運動の方向が変化する場合は、それに応じて空気抵抗の向きが変わるように方程式を変更する必要がある。

最も一般の形で n 階の常微分方程式を与えると次のようになる．すなわち，$n + 2$ 変数の任意の関数 $F(\tau, \xi_0, \xi_1, \ldots, \xi_n)$ に対して

$$F\left(t, x, \frac{dx}{dt}, \ldots, \frac{d^n x}{dt^n}\right) = 0 \tag{2.2}$$

という形で表現される方程式が n 階の常微分方程式である．例えば (2.1) は，

$$F(\tau, \xi_0, \xi_1, \xi_2) = mg - \mu \xi_1^2 + m\xi_2$$

という 4 変数関数 F に $\tau = t, \xi_0 = x, \xi_1 = \dfrac{dx}{dt}, \xi_2 = \dfrac{d^2 x}{dt^2}$ を代入したもので，

$$F\left(t, x, \frac{dx}{dt}, \frac{d^2 x}{dt^2}\right) = 0 \quad \Leftrightarrow \quad mg - \mu\left(\frac{dx}{dt}\right)^2 + m\frac{d^2 x}{dt^2} = 0 \quad \Leftrightarrow \quad (2.1)$$

となる．

　自然現象を記述する方程式には 2 階のものが多い[2]．いま $x(t)$ がある粒子の位置を表すとすると，$\dot{x}(t)$ は速度，$\ddot{x}(t)$ は加速度に対応する[3]．微分方程式が 2 階ということは，位置と速度，加速度の関係によって法則が書かれているということである．特に力学においては，(1.3) や (2.1) のように方程式が「加速度 ＝ 力」という形をしていて，力は位置と速度の関数になっている（外力が加わる場合には力が時間に依存することもあるが）．この関係式から $x(t)$ が求められるという常微分方程式の数学は，ある時刻における粒子たちの位置と速度を知れば未来が予測できるという経験的な物理法則に対応している．これはニュートン力学の誕生より数世紀を経た現代では当たり前に思える主張であるが，よく考えると全く自明なことではなく，我々の住むこの世界を特徴づける重要な性質である．

2.1.2 正規形と非正規形

　微分方程式が，その最も高い微分階数の項に関して解けている形のとき（もしくはそのような形の方程式と同値であるとき），その方程式は **正規形** である

---

[2] もちろん，より高階の微分が登場する自然現象も存在するし，工学の制御問題においては 3 階微分が重要な役割を果たすことも多い．

[3] ちなみに位置の 3 階微分は「加加速度」や「躍度」と呼ばれる．

といい, そうでない場合には **非正規形** であるという. 方程式の階数を n とすると, $n+1$ 変数の関数 F を用いて

$$\frac{d^n x}{dt^n} = F\left(t, x, \frac{dx}{dt}, \ldots, \frac{d^{n-1} x}{dt^{n-1}}\right)$$

と書ける形をした方程式が正規形である.

　例えば (1.1) はそもそもこの形をしているので正規形である. また (1.3) や (2.1) は両辺を定数 m で割ることにより $\frac{d^2 x}{dt^2}$ について解けた形になるので正規形である. そのような変形ができないもの, 例えば

$$\left(\frac{dx}{dt}\right)^2 = t \tag{2.3}$$

とか

$$\frac{dx}{dt} t - \frac{1}{2}\left(\frac{dx}{dt}\right)^2 = x$$

などは非正規形である.

　一般に非正規形の方程式の取り扱いは正規形に比べて難しい. 例えば (2.3) は

$$\left(\frac{dx}{dt} - \sqrt{t}\right)\left(\frac{dx}{dt} + \sqrt{t}\right) = 0$$

と因数分解できるので,

$$\frac{dx}{dt} = \sqrt{t}, \quad \frac{dx}{dt} = -\sqrt{t}$$

という二つの方程式を重ね合わせたものと思えるが, 二つの方程式の解をどうつなげるか, また t が $t = 0$ をまたいで変化するときの取り扱いはどうするか, など考えなくてはならないことが多い.

　また,

$$t\frac{dx}{dt} = f(t, x)$$

という方程式を考えてみよう. これは一見すると t で割れば正規形になりそうだが, t はいま独立変数で 0 もとりうるので, そのような操作は無条件で許されるものではない. 実際, $t = 0$ においては x の微分を含む項は消えてしまい,

微分を含まない方程式 $f(0, x) = 0$ となってしまう．このように，微分方程式の階数や方程式の種類さえも非正規形の場合は一定しないのである．

　以下，本書では主に正規形の方程式を扱うが，重要な非正規形の方程式の例にもいくつか触れる．

2.1.3　自励系と非自励系

　n 階の方程式の一般形は (2.2) で与えられるが，ここで関数 F が t によらないとき，すなわち $n + 1$ 変数関数 F により

$$F\left(x, \frac{dx}{dt}, \ldots, \frac{d^n x}{dt^n}\right) = 0 \tag{2.4}$$

と書けるとき，この方程式を **自励系** という．そうでないもの，すなわち t が現れる方程式を **非自励系** という[4]．

　例えば最初に考えた (1.1)

$$\frac{dx}{dt} = x$$

は自励系であり，

$$\frac{dx}{dt} = t \tag{2.5}$$

は非自励系である．方程式 (1.1) を引数も込めて書くと

$$\frac{dx}{dt}(t) = x(t)$$

となるので，一見すると t が現れているようだが，このように関数の引数や，微分の記号としてしか t が用いられないときは，方程式を定義する関数 F は t に依存しない．よって自励系である．

問題 2.1　方程式 (1.3) と (1.1) を (2.2) のように F を用いて記述し，(2.4) の形になるかどうか確認せよ．

　このような区別をわざわざ考えるのは，自励系と非自励系で方程式の解の性質，ひいては方程式が記述する現象の性質が大きく異なるからである．

---

[4] 自律系・非自律系という用語も同じ意味で用いられることがある．

自励系において重要なのは，解が初期値に選んだ時刻によらないという事実である．物理法則が時間によって変化しない状況だといってもよい．いま $x(t)$ が (2.4) の解であり，$t = 0$ において初期条件 $x(0) = \xi$ をみたすとすると，$t = \tau$ に同じ値 ξ をとる解は，$x(t)$ において単に時間だけを平行移動した $y(t) := x(t - \tau)$ で与えられる．実際，$y(t)$ は $y(\tau) = x(0) = \xi$ をみたす．また合成関数の微分法則より

$$\frac{d}{dt}y(t) = \frac{d}{dt}x(t - \tau)$$

が成立し，さらに微分を繰り返すと

$$\frac{d^k}{dt^k}y(t) = \frac{d^k}{dt^k}x(t - \tau)$$

である．よって，

$$F\left(y(t), \frac{dy}{dt}(t), \ldots, \frac{d^n y}{dt^n}(t)\right) = F\left(x(t - \tau), \frac{dx}{dt}(t - \tau), \ldots, \frac{d^n x}{dt^n}(t - \tau)\right)$$

となるが，右辺は $x(t)$ が (2.4) の解だから 0 となる．したがって $y(t)$ も (2.4) の解である．

$x(t)$ と $y(t)$ を (t, x) 平面上に描くと，曲線 $x(t)$ を平行移動したものが $y(t)$ となっている（図 2.1）．自励系では運動の法則が時刻によって変わらないということが図からも見てとれる．

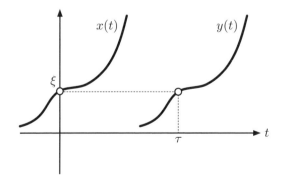

図 2.1 自励系の方程式における解の平行移動

この性質は非自励系においては成立しない．例えば微分方程式 (2.5) を考えよう．この微分方程式は両辺を積分するだけで $x(t) = t^2/2 + C$ と簡単に解ける．初期値として $x(0) = 0$ を与えると，$x(t) = t^2/2$ が得られる．ここで $x(t - \tau)$ という関数を考えると，これは $\tau \neq 0$ のとき方程式の解ではない．実際，

$$\frac{d}{dt}x(t - \tau) = \frac{d}{dt}\left(\frac{(t - \tau)^2}{2}\right) = t - \tau \neq t$$

なので，$x(t - \tau)$ は (2.5) の解ではない．時刻 $t = 0$ では解だった関数を単に平行移動するだけでは，解として通用しないのである．これは，系を支配する法則が時刻により変化していることを意味する．

2.1.4　線形方程式と非線形方程式

微分方程式の重要な分類として「線形」と「非線形」の区別もある．未知関数やその導関数が微分方程式に 1 次式の形で入っているとき，その方程式は **線形** であるといい，それ以外の場合を **非線形** という．例えば自由落下の方程式 (1.3) は線形である．空気抵抗を考慮に入れた (2.1) は $\dfrac{dx}{dt}$ の 2 乗の項を含むので，非線形の方程式である．

極端に単純化して述べると，線形方程式は簡単で，解ける．非線形方程式は難しく，一般的な解き方はない．両者を分ける最も大きな違いは，まさに「線形性」である．これは，解を定数倍したり，解同士を足し合わせても解になるという性質を意味する．

線形性については第 4 章で詳しく述べる．ここでは具体例で線形性を確認してみよう．例えば，$x_1(t)$ と $x_2(t)$ が共に方程式 (1.1) の解であるとしよう．それらを足し合わせた $y(t) = x_1(t) + x_2(t)$ は

$$\frac{dy}{dt} = \frac{d}{dt}(x_1 + x_2) = \frac{dx_1}{dt} + \frac{dx_2}{dt} = x_1 + x_2 = y$$

となることからやはり微分方程式の解である．定数 a によるスカラー倍 $z(t) = ax_1(t)$ を考えても，

$$\frac{dz}{dt} = \frac{d}{dt}(ax_1) = a\frac{dx_1}{dt} = ax_1 = z$$

となりやはり解である．このことは，方程式の解をすべて集めてきた集合がベクトル空間になるということを意味している（詳しくは第4章を参照のこと）．

いっぽうで，非線形な (2.1) に対してこの性質は成立しない．関数 $x_1(t)$ と $x_2(t)$ が共に方程式 (2.1) の解だとしても，$y(t) = x_1(t) + x_2(t)$ は (2.1) をみたさない．原因は空気抵抗に対応する項である．実際，y の微分の2乗は

$$\left(\frac{dy}{dt}\right)^2 = \left(\frac{d}{dt}(x_1 + x_2)\right)^2 = \left(\frac{dx_1}{dt}\right)^2 + 2\frac{dx_1}{dt}\frac{dx_2}{dt} + \left(\frac{dx_2}{dt}\right)^2$$
$$\neq \left(\frac{dx_1}{dt}\right)^2 + \left(\frac{dx_2}{dt}\right)^2$$

となって，$x_1(t), x_2(t)$ の微分の2乗の和とは一致しない．スカラー倍についても

$$\left(\frac{d}{dt}(ax)\right)^2 = a^2\left(\frac{dx}{dt}\right)^2 \neq a\left(\frac{dx}{dt}\right)^2$$

などとなってしまい，線形性が満たされない[5]．

このように線形方程式では一つの特殊解を見つけると他の特殊解をシステマティックに導出することができる．いっぽう非線形方程式では，個々の解はそれぞれ異なった性質をもっていて，解ごとに個別の取り扱いが必要になることが多い．

多くの場合，線形の方程式は現象を理想化・単純化して得られた方程式である．例えば，(2.1) は空気抵抗を表す項を含むので非線形な方程式であるが，空気抵抗を無視してしまえば (1.3) の線形方程式に帰着される．本当の現象によ

---

[5]方程式 (1.3) も線形方程式ではあるが，この場合は二つの解 $x_1(t)$ と $x_2(t)$ の重ね合わせ $y(t) = x_1(t) + x_2(t)$ を考えると

$$m\frac{d^2y}{dt^2} = m\frac{d^2}{dt^2}(x_1 + x_2) = -mg + (-mg) = -2mg \neq -mg$$

なので解にはならない．方程式の右辺が定数項 mg を含むためである．この場合は二つの解の和ではなく差 $y_0(t) = x_1(t) - x_2(t)$ を考えるのが重要である．

$$m\frac{d^2y_0}{dt^2} = m\frac{d^2}{dt^2}(x_1 - x_2) = -mg - (-mg) = 0$$

となることから，二つの解の差 y_0 はより簡単な方程式 $\frac{d^2x}{dt^2} = 0$ をみたすことがわかる．詳しくは第4章を参照．

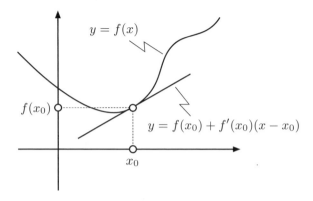

図 2.2　局所的な線形近似

り近いのが (2.1) ならば，そちらだけ考えればよいかというと，そうでもない．非線形方程式に対しては統一的な解法は存在しないため，まずは線形の理想化した方程式を解析し，必要に応じて非線形項を入れていくのが通常の取り扱いである．

　そもそも微積分の根本的な発想の一つが，非線形な関数（1 次式では書けない関数）$y = f(x)$ の挙動を，局所的に線形関数 $y = f(x_0) + f'(x_0)(x - x_0)$ で近似して理解しようというものであった（図 2.2）．そのことからすると微分方程式においてもまず線形方程式を考えるのが自然な発想であることが納得できると思う．

2.1.5　単独方程式と連立方程式

　常微分方程式では連立方程式も考えられる．未知関数が一つの場合は**単独常微分方程式**，複数の場合は**連立常微分方程式**という．例えば $x(t)$, $y(t)$ という二つの関数に対して，

$$\frac{dx_1}{dt} = f_1(t, x_1, x_2), \quad \frac{dx_2}{dt} = f_2(t, x_1, x_2) \tag{2.6}$$

という二つの式を連立させたものも常微分方程式である．この方程式の解は，$x_1(t)$, $x_2(t)$ の組であって，(2.6) の関係式の両方を同時に満たすものである．

　方程式 (2.6) は，見かけ上単独の方程式のように表すこともできる．すなわ

ち，$x_1(t)$ と $x_2(t)$ をひとまとめに $\boldsymbol{x}(t) = (x_1(t), x_2(t))$ とベクトル値関数で表し，右辺もベクトル値で $\boldsymbol{v}(t, \boldsymbol{x}) = (f_1(t, x_1, x_2), f_2(t, x_1, x_2))$ と書けば，

$$\frac{d\boldsymbol{x}}{dt} = \boldsymbol{v}(t, \boldsymbol{x}) \tag{2.7}$$

となる．ベクトルを成分表示すれば

$$\frac{d}{dt}\begin{pmatrix} x_1 \\ x_2 \end{pmatrix} = \begin{pmatrix} \dfrac{dx_1}{dt} \\ \dfrac{dx_2}{dt} \end{pmatrix} = \begin{pmatrix} f_1(t, x_1, x_2) \\ f_2(t, x_1, x_2) \end{pmatrix}$$

である．未知関数がもっと多く，$x_1(t), x_2(t), \ldots, x_n(t)$ と n 個ある場合も同様であり，ベクトル $\boldsymbol{x}(t) = (x_1(t), x_2(t), \ldots, x_n(t))$ と $v(t, \boldsymbol{x})$ により (2.7) の形式で書くことができる．

　連立常微分方程式は，n 個の未知関数に関する連立方程式とみるよりも，n 次元空間を動く点 $\boldsymbol{x}(t) \in \mathbb{R}^n$ に関する単独の方程式とみなすほうが幾何学的な議論をしやすく見通しがよくなる．本書でも後者の見方を主に用いる．この見方では，解 $\boldsymbol{x}(t)$ が定める写像

$$\mathbb{R} \ni t \mapsto \boldsymbol{x}(t) \in \mathbb{R}^n$$

を $\mathbb{R}^n$ 内に描かれた曲線とみなす．この写像の像を微分方程式が定める **解曲線** もしくは **軌道** と呼び，$\mathcal{O}(x)$ で表す．

　解曲線 $\boldsymbol{x}(t)$ のある点 $\boldsymbol{x}(\tau)$ における速度ベクトル（接ベクトル）は $\dfrac{d\boldsymbol{x}}{dt}(\tau)$ である（図 2.3）．微分方程式 (2.7) は，この速度ベクトルがちょうど $\boldsymbol{v}(t, \boldsymbol{x}(t))$

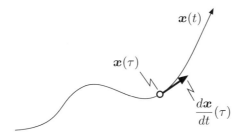

図 2.3 接ベクトル

と等しくなっているという関係式である．この考えかたを発展させると，2.2 節で解説するベクトル場と相空間の話になる．

なお，記号の煩雑さを避けるため，本書では以降ベクトルを $\boldsymbol{x}, \boldsymbol{v}$ などの太文字にせず，通常の x, v などで表す．

2.1.6 簡単な形への変換

常微分方程式の様々な分類をこれまでみてきたが，当然

- 高階方程式よりも 1 階方程式のほうが解きやすい
- 非自励系よりも自励系のほうが解きやすい
- 非正規形よりも正規形のほうが解きやすい
- 非線形方程式よりも線形方程式のほうが解きやすい
- 連立方程式より単独方程式のほうが解きやすい

という性質が一般的に成り立つ．うまく変換することで，方程式をなるべく解きやすい形に変換できれば嬉しい．というより，方程式を解くという作業の大部分は，うまい変換を求める作業である．そのなかでも，高階の方程式を 1 階の方程式に変換する方法と，非自励系を自励系に変換する方法は比較的簡単であり，今後も頻繁に用いるので，本節にまとめておこう．

高階方程式から 1 階方程式への変換

まず例として 2 階の方程式

$$\frac{d^2 x}{dt^2} = -x$$

を 1 階の方程式に変換することを考えよう．そのためには $\frac{dx}{dt} = y$ とおく．すると $\frac{dy}{dt} = \frac{d^2 x}{dt^2}$ なので，もとの微分方程式は

$$\frac{dy}{dt} = -x$$

と同値になる．この式だけでは y に関して閉じた方程式にならないので，y の定義式と連立させて

$$\frac{dx}{dt} = y, \quad \frac{dy}{dt} = -x$$

を考える．すると，これは 1 階で未知関数が x と y の二つである連立常微分方程式とみなせるのである．ベクトル形式でまとめると，

$$\frac{d}{dt}\begin{pmatrix} x \\ y \end{pmatrix} = \begin{pmatrix} 0 & 1 \\ -1 & 0 \end{pmatrix}\begin{pmatrix} x \\ y \end{pmatrix}$$

のようにも書ける．この変換により未知関数の数は 1 個から 2 個に増えてしまったが，方程式の階数は 2 階から 1 階へと下げることができた．もともとの方程式が線形であったことから，ベクトル形式に書き換えても線形であり，変換後の方程式の右辺が「行列 × ベクトル」という形になっていることに注意しよう．

同様の変換は，高階の方程式に対しても可能である．

定理 2.2　正規形の n 階方程式

$$\frac{d^n x}{dt^n} = F\left(t, x, \frac{dx}{dt}, \dots, \frac{d^{n-1}x}{dt^{n-1}}\right)$$

は，

$$x_1 = x, \quad x_2 = \frac{dx}{dt}, \quad \dots, \quad x_n = \frac{d^{n-1}x}{dt^{n-1}}$$

とおくことにより，1 階の正規形方程式

$$\begin{cases} \dfrac{dx_1}{dt} = x_2 \\[2mm] \dfrac{dx_2}{dt} = x_3 \\[1mm] \quad\vdots \\[1mm] \dfrac{dx_{n-1}}{dt} = x_n \\[2mm] \dfrac{dx_n}{dt} = F(t, x_1, x_2, \dots, x_{n-1}) \end{cases}$$

に書き直せる．

この定理により，単独の n 階方程式は n 個の連立 1 階方程式に変換される．同様の変換をすることにより，k 変数の n 階方程式（$x(t) \in \mathbb{R}^k$ に関する n 階

の方程式）は，$n \times k$ 変数の 1 階方程式に変換されることもわかる．変数の数
が増えてしまうのは方程式を簡単な形に変換しようという目的からは残念であ
るが，どちらかといえば変数が増えても階数が下がるほうが取り扱いが楽にな
ることが多い．特に正規形の場合は変換後の方程式が 1 階の正規形方程式にな
る．重要なのは，このときにベクトル場の考えかたが使えることである．ベク
トル場については次節で学ぶ．

非自励系から自励系への変換

では次に，非自励系の方程式

$$\frac{dx}{dt} = F(t, x) \tag{2.8}$$

を自励系に変換することを考えよう（$x \in \mathbb{R}^n$ とする）．そのためには，独立変
数である時間 t も未知関数だと思えばよい．そうすると，$v(t, x)$ は独立変数に
はよらなくなる．しかし，これでは独立変数がなくなってしまう．そこで新た
に変数 s を導入して，もとの独立変数 t は $t = t(s)$ という関数だと思う．関
数 $t(s)$ が新しい独立変数 s にどのように依存するかを決めないといけないが，
そこは

$$\frac{dt}{ds} = 1$$

という単純な微分方程式を与えてしまう．これは全く無意味な操作に思えるが，
この操作で方程式は s を独立変数とする自励系になるのである．

定理 2.3　非自励系微分方程式 (2.8) に対し，独立変数を s とし，未知関数
を $X(s) = (t(s), x(s))$ とする自励系の連立常微分方程式

$$\frac{d}{ds} \begin{pmatrix} t \\ x \end{pmatrix} = \begin{pmatrix} 1 \\ F(t, x) \end{pmatrix} \tag{2.9}$$

を考える．このとき，(2.8) の解 $x(t)$ に対して $t(s) = s$，$X(s) = (t(s), x(s))$
とおくと，$X(s)$ は (2.9) の解となる．また逆に，$X(s) = (t(s), x(s))$ が (2.9)
の $t(0) = 0$ をみたす解のとき，関数 x は (2.8) の解となる．

問題 2.4 定理 2.3 が正しいことを確認せよ.

次節でベクトル場の考えかたを学ぶと,自励系と非自励系の幾何学的な違い がよりはっきりと捉えられるようになる.

高階方程式と非自励系を簡単な形に変換する方法をみてきたが,残念ながら 非正規形を正規形に変換したり,非線形方程式を線形方程式に変換したりする 一般的な方法はない[6]. しかし,非線形方程式に対しては,注目する点 x の近 傍でだけ線形方程式に変換して調べるという手法がよく用いられることを注意 しておく. 軌道はその近傍の中にいる限りは,線形の方程式に従って簡単な振 る舞いをするのである. 近傍から出てしまったあとの振る舞いについては何も 言えないが,少しの間なら線形方程式に従って正確な予言ができる. そのよう な点をどうやって見つけるか,また非線形方程式をどうやって局所的に線形に 変換するかという問題は力学系の出発点であり,第 7 章で議論する.

2.2 相空間とベクトル場

微分方程式を統一的な観点から議論したり,また解の定性的な性質を調べた りするうえで,幾何学的な見方が重要になる. 幾何学的な議論のための枠組み を与えるのが,相空間やその上のベクトル場,そしてベクトル場が生成する「流 れ」といった概念である.

相空間 (phase space) とは,もともとは物理学において,質点の位置と速 度[7]の両方を同時に表現する空間という意味で使われてきた用語であるが,本書 では微分方程式

$$\dot{x}(t) = v(t, x)$$

の未知関数 $x(t)$ が値をとる空間という意味で用いる[8]. ここで方程式が 1 階の 正規形であることに注意しよう. 高階の方程式は前節の方法で 1 階に変換して 考えることになる. 本書では多様体論が必要になるような,曲がった空間の上

---

[6]3.7 節で扱うベルヌーイ型方程式は非線形でありながら線形に帰着できる貴重な例である.

[7]正確には運動量だが,簡単のためここでは速度として考える.

[8]数学には位相空間 (topological space) という似た用語もあるが,異なる意味なので注意しよう.

で定義された微分方程式は扱わないので，相空間として考えるのはユークリッド空間 $\mathbb{R}^n$ か，もしくはその部分集合である．

例えば，最初に考えた方程式 (1.1) の場合，相空間は $\mathbb{R}$ である．自由落下の方程式 (1.3) は，1 階ではないが，前節で学んだ方法に従って新しい未知関数 $y = \dfrac{dx}{dt}$ を導入すると，

$$\frac{dx}{dt} = y, \quad \frac{dy}{dt} = -g$$

という連立方程式に変換される．ベクトルで書くと

$$\frac{d}{dt}\begin{pmatrix} x \\ y \end{pmatrix} = \begin{pmatrix} 0 & 1 \\ 0 & 0 \end{pmatrix}\begin{pmatrix} x \\ y \end{pmatrix} + \begin{pmatrix} 0 \\ -g \end{pmatrix} \tag{2.10}$$

となり，$(x(t), y(t)) \in \mathbb{R}^2$ という 2 次元空間を動く未知関数に関する 1 階の方程式になる．よって (1.3) の相空間は $\mathbb{R}^2$ となる．いまの例では，物理学での伝統的な用法の通りに (位置, 速度) という組合せが相空間の座標になっている．同じ議論により，$x(t) \in \mathbb{R}^n$ に関する 2 階の正規形微分方程式

$$\ddot{x} = v(t, x, \dot{x})$$

は $y = \dfrac{dx}{dt}$ とおくことにより

$$\frac{d}{dt}\begin{pmatrix} x \\ y \end{pmatrix} = \begin{pmatrix} y \\ v(t, x, y) \end{pmatrix} \tag{2.11}$$

という 1 階の方程式になる．このとき，相空間は $\mathbb{R}^n \times \mathbb{R}^n = \mathbb{R}^{2n}$ である．

なぜ (1.3) を解くために $x(t)$ の住む $\mathbb{R}$ ではなく $(x(t), y(t))$ の住む $\mathbb{R}^2$ をわざわざ持ち出すのかというと，ある時刻における $x(t) \in \mathbb{R}$ の情報だけでは系の未来を予測できないからである．(1.3) の解を決定するには初期時刻 $t = \tau$ における位置 $x(\tau)$ だけでなく，初期速度 $\dot{x}(\tau)$ も必要だったことを思い出そう．たとえ同じ時刻に同じ位置から出発しても，初期速度が上を向いているか下を向いているかで運動が異なるのは当然のことである．位置だけでは不十分なのである．そこで相空間を持ち出すと，$t = \tau$ における初期値を $(x(\tau), y(\tau)) = (\xi_x, \xi_y)$ と与えれば，系の未来は完全に決定される (図 2.4)．相空間のことを，「系の未

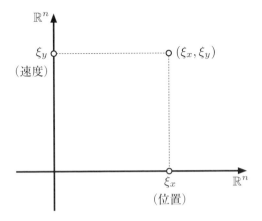

図 **2.4** 相空間

来を予測するために必要なすべての状態 (phase) を記述できる空間」であると
理解してもよい.

次に登場するのが **ベクトル場** である.ベクトル場の「場」は英語でいえば
"field" である.場というと何やら大袈裟な専門用語のように思えるかもしれな
いが,"field" のもともとの意味は牧草地とか草原といったものである.図 2.5
のようにたくさんの草が生えている場所をイメージしてもらいたい.また高校
数学を思い出すと,ベクトルとは向きと大きさをもった矢印のようなものとし

図 **2.5** 「場」のイメージ(著者撮影)

てイメージすることができた．これらのイメージを合わせると，ベクトル場，すなわちベクトルたちのなす「場」とは，牧草地のような広い場所で草の代わりに矢印がたくさん生えているような状況が思い浮かぶ．これが，ベクトル場の一つの理解のしかたである．

　より物理的なイメージとして，風向・風力を用いるのもよい．地図上の各地点に，その場所での風の向きと強さの情報をベクトルとして書き込む．すると，図 2.6 のように，天気予報などでよく目にする図が得られる[9]．これもベクトル場の一例である．ベクトル場を図示するとき，すべての点から生えるベクトルを書くと真っ黒で何も見えなくなってしまうので，適当に間引きしたベクトルのみを表示していることに注意しよう．

　数学的に定義すると，ベクトル場とは相空間の各点にその点での「接ベクトル」を指定したものである．接ベクトルとは，「曲線上を運動する点 $x(t)$ の速度 $\dot{x}(t)$」という直感的な概念を，曲線や座標の選びかたによらないように抽象化したものである．常微分方程式を解曲線より先に定義するためには，曲線が

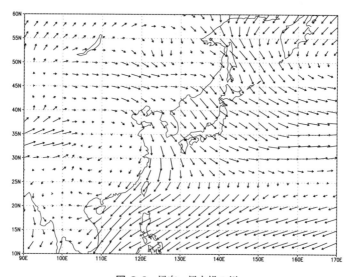

図 2.6　風向・風力場の例

---

[9]気象データの解析に用いられる GrADS というソフトウェアで作画したものである．

あって初めて接ベクトルという概念が定義されるのでは議論の都合が悪いので，
「速度」という概念を特定の曲線から切り離して考えたい．そのためにこのよう
な抽象化を行なう．以下でその構成をするが，このような数学的な議論に馴染
みがなければ，接ベクトルとは速度ベクトル $\dot{x}(t)$ のことだと理解して次ページ
のベクトル場の定義に進んでかまわない．

$\mathbb{R}^n$ 内を動く点は写像 $x : \mathbb{R} \to \mathbb{R}^n$ で表すことができる．x は $\mathbb{R}^n$ 内の曲線
とも考えられる．いまこの写像が微分できるとしよう．すると，時刻 $t = \tau$ で
の点の移動速度は $\dot{x}(\tau) = \dfrac{dx}{dt}(\tau) \in \mathbb{R}^n$ で表される．この $\dot{x}(\tau)$ を曲線 $x(t)$ の
点 $\xi = x(\tau)$ における **速度ベクトル** と呼ぶのは通常通りである．

ベクトル場を定義するために，特定の曲線を抜きにして，相空間の各点での
「向きをもった速さ」を議論できるようにしたい．そのために，曲線たちに対し
て「ある点 ξ で同じ速度をもつ」という同値関係を次のように定義する．いま
曲線 $x(t)$ と $y(t)$ があって，どちらも $t = \tau$ で点 ξ を通るとする．このとき，
x と y が点 ξ で接するとは，

$$\lim_{t \to \tau} \frac{\|x(t) - y(t)\|}{t - \tau} = 0$$

が成立することであると定義する[10]．ただし，ここで $\|\cdot\|$ は $\mathbb{R}^n$ のベクトルの
大きさである．

問題 2.5　$x(t)$ と $y(t)$ が点 $\xi = x(\tau) = y(\tau)$ で接するための必要十分条件は $\dot{x}(\tau) = \dot{y}(\tau)$ であることを示せ．

すると，次のように接空間と接ベクトルを定義することができる．

定義 2.6　点 p における $\mathbb{R}^n$ の **接空間** $T_p\mathbb{R}^n$ とは，$t = \tau$ で p を通る滑らか
な曲線たちで，p で接するものを同値とした同値類の集合のことである（図 2.7）．
すなわち，

$$T_p\mathbb{R}^n = \{x(t) \mid x(t) \text{ は滑らかな曲線で } x(\tau) = p\}/\sim .$$

---

[10]ここで「接する」というときは，速度ベクトルの方向だけでなく，大きさまで一致することを要求
していることに注意．

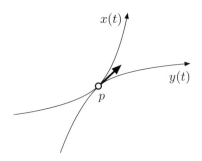

図 2.7　曲線の同値類

ただし，$x(t)$ と $y(t)$ が点 p で接するとき，$x(t) \sim y(t)$ とする．$T_p\mathbb{R}^n$ の元を p における **接ベクトル** という．なお，曲線 $x(t)$ が滑らかであるとは，x が t の関数として C^∞ 級であることとする[11]．

　問題 2.5 により，$x(t)$ と $y(t)$ が接することと，同じ速度ベクトルをもつことが同値なので，異なる速度ベクトルには異なる接ベクトルが対応する．また，任意のベクトル $w \in \mathbb{R}^n$ に対し，ちょうど w が点 p における速度ベクトルとなるような曲線が存在する．よって，写像

$$\mathbb{R}^n \ni w \mapsto \ulcorner w \text{ を点 } p \text{ での速度ベクトルにもつ曲線の同値類} \lrcorner \in T_p\mathbb{R}^n$$

により接ベクトルの集合 $T_p\mathbb{R}^n$ は $\mathbb{R}^n$ と同一視することができる[12]．

　接空間の概念を用いてベクトル場を正確に定義すると，相空間 $\mathbb{R}^n$ 上の **ベクトル場** v とは，相空間の各点 $x \in \mathbb{R}^n$ に対して，その点における接ベクトル $v(x) \in T_x\mathbb{R}^n$ を対応させる写像のことである．

　さて，ベクトル場をどのように常微分方程式の解析に用いるかを考えよう．

---

[11]C^∞ 級ではなく，C^1 級の曲線を考えることもあるが，技術的に難しい点が少し出てくるので，ここでは簡単のために C^∞ 級としておく．

[12]結局 $\mathbb{R}^n$ と同じならば，速度ベクトルと接ベクトルを区別する必要はなさそうに思えるが，そうすると座標を取り替えたときに困ってしまう．例えば平面上の曲線 $x(t)$ が原点で $(1,0)$ という速度ベクトルをもつとする．いま，曲線はそのままで座標を 90 度回転すると，同じ曲線が原点でもつ速度ベクトルは $(0,1)$ となる．このように速度ベクトルは座標の選びかたによって異なってしまうので，座標によらない議論ができるように定義 2.6 を導入するのである．座標を取り替えると，$\mathbb{R}^n$ と $T_p\mathbb{R}^n$ を同一視する写像も取り替えられることになる．

まず正規形かつ自励系の常微分方程式

$$\dot{x} = v(x)$$

を考える．ここで $x(t) \in \mathbb{R}^n$ であり，v は $\mathbb{R}^n$ から $\mathbb{R}^n$ への写像とする．ここで $\mathbb{R}^n$ と $T_x\mathbb{R}^n$ を同一視して，$v(x)$ を $T_x\mathbb{R}^n$ の元だと思うと，v は $\mathbb{R}^n$ 上のベクトル場とみなせる．すると，関数 $x(t)$ がこの方程式の解であることと，曲線 $x(t)$ の各点での速度ベクトル $\dot{x}(t)$ が $v(x(t))$ に一致するという条件が同値になる．常微分方程式を解きたければ，速度ベクトルが常にベクトル場に沿うような曲線を見つければよいことになる．

例えば微分方程式

$$m\ddot{x} = -kx \tag{2.12}$$

を考えよう．これはバネに繋がれたおもりの振動を記述する方程式である（図 2.8）．この運動は調和振動子と呼ばれる．m はおもりの質量であり，x はバネの自然長（バネに力が加わっていないときの長さ）からの変位である．フックの法則によると，おもりに加わる力は変位に比例しており，その比例定数が k である．この方程式は線形なので第 4 章で紹介する方法で簡単に解ける．その解は積分定数 A, B を用いて

$$x(t) = A\cos\omega t + B\sin\omega t, \quad \omega = \sqrt{\frac{k}{m}}$$

となる．おもりの初期位置 x_0 と初期速度 v_0 を決めると，定数も $A = x_0$，$B = v_0/\omega$ と求まる．この方程式をベクトル場で考えてみよう．簡単のために

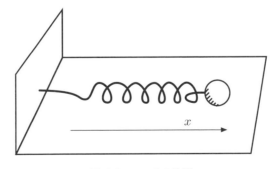

図 2.8 フックの法則

$k = 1$, $m = 1$ とする．まず 2.1.6 項の方法により 1 階方程式に変形すると，$y(t) = \dot{x}(t)$ とおいて，

$$\frac{d}{dt} \begin{pmatrix} x \\ y \end{pmatrix} = \begin{pmatrix} 0 & 1 \\ -1 & 0 \end{pmatrix} \begin{pmatrix} x \\ y \end{pmatrix} \tag{2.13}$$

となる．相空間はいま $\mathbb{R}^2$ である．このベクトル場を図示すると図 2.9 のようになる．点 (x, y) から生えるベクトルが $(y, -x)$ なので，$(x, y) \cdot (y, -x) = 0$ より位置ベクトルと接ベクトルは直交しており，同心円状に矢印が並ぶ．このことは (2.13) の右辺に登場する行列

$$\begin{pmatrix} 0 & 1 \\ -1 & 0 \end{pmatrix}$$

が 90 度回転を表す直交行列であることからもわかる．軌道は，これらの矢印に沿って動く．図 2.9 の太線は $(x, y) = (2, 0)$ を通る軌道を描いたものである．位置 x が大きくなると，接ベクトルの y 成分は負になるので軌道は y が負になる方向へ向かい，y が負になると今度は接ベクトルの x 成分が負になるので

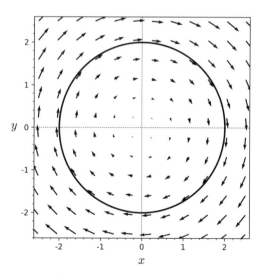

図 2.9　調和振動子のベクトル場

x が小さくなり…と循環して動いてゆくことが見てとれる．相空間の上を動いているのはあくまで系の状態 (phase) であり，おもりの位置そのものではないことに注意しよう．いまの例の場合，相空間は (位置, 速度) という形をしているので，相空間の第一成分がおもりの座標に対応する．

問題 2.7 調和振動子の解 $x(t)$ に対してその運動エネルギー $\dfrac{m\dot{x}^2}{2}$ と位置エネルギー $\dfrac{kx^2}{2}$ の和は時間によらず一定であることを示せ．また，運動エネルギーと位置エネルギーの和が一定となるような相空間の点を集めた集合はどのような図形になるか考察せよ．

　自励系の常微分方程式 $\dot{x}(t) = v(x)$ で $v(x)$ が x に関して微分できるとする（微分できなくても定理 5.10 の仮定をみたしていればよい）．その解 $x(t)$ がある時刻 t_0 に点 x_0 を通った，すなわち $x(t_0) = x_0$ とする．もしある $t_1 > t_0$ でふたたび点 x_0 を通る，すなわち $x(t_1) = x_0$ をみたすならば，$x(t)$ は **周期** $T := t_1 - t_0$ の **周期解** であるという．またその軌道を **周期軌道** という．後述の定理 5.10 より解の一意性が成立することと，また自励系なので解が時間に関して平行移動できることより，周期解に対しては任意の t で $x(t + T) = x(t)$ が成立する．周期軌道は相空間の閉曲線になる（図 2.10）ので，周期軌道のことを **閉軌道** ともいう．

　もし T が周期であれば，T の整数倍も周期になる．ある周期軌道に対して，その周期となる $T > 0$ のうち最小のものを **最小周期** という．T が最小周期であれば，$0 < T' < T$ なる T' に対しては $x(t + T') \neq x(t)$ が任意の t で成立

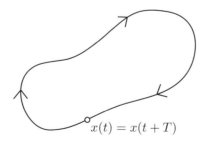

$$x(t) = x(t + T)$$

図 2.10 周期軌道

する.

　また，ある点 x_0 で $v(x_0) = 0$ とすると，任意の t に対し $x(t) = x_0$ とおいた定数関数が解となる．これを **平衡解** と呼ぶ．また x_0 のことをベクトル場 $v(x)$ の **平衡点** や **特異点** などと呼ぶ[13]．特異点ではない点は **平常点** や **正則点** と呼ばれる.

　非自励系の方程式

$$\dot{x} = v(t, x)$$

に対してもベクトル場の考えかたは有効であるが，ベクトル場そのものが時間によって変化するので，自励系の場合よりも扱いは難しくなる．ベクトル場を風向・風力場のようなものだと思うと，自励系の場合には風の向きと強さは場所だけで決まり，時間によって変化はしない．非自励系の場合には，ある時刻 t_0 に場所 ξ で $v(t_0, \xi)$ という向きと強さの風が吹いていたのが，同じ場所でも時刻 t_1 には違う向きや強さの風 $v(t_1, \xi)$ が吹いている．非自励系の場合には，ある解 $x(t)$ の時間を平行移動したものが解にはならないことを前にみた．風の強い日に凧揚げをしてうまくいったからといって，風のない日に同じ場所から同じように凧を揚げても飛ばないのである．もし風が自励系であれば，時間によらず場所だけで風が決まるので，同じ場所から凧を揚げれば，今日と明日で全く同じ軌道を描いて飛んでゆくことになる.

　前節でみたように，非自励系の方程式 $\dot{x} = v(t, x)$ に対して人工的に変数 s を導入して t も s の関数と思うと，その方程式は，独立変数を s とし，$(t(s), x(s))$ を未知関数とする自励系の連立常微分方程式に変形できる．上で述べたことにより，たとえ変数が増えても自励系にしたほうが扱いやすいことも多い．いま $x \in \mathbb{R}^n$ とすると，もとの方程式の相空間は $\mathbb{R}^n$ であるが，変換して得られた自励方程式の相空間は

$$(t, x) \in \mathbb{R} \times \mathbb{R}^n = \mathbb{R}^{n+1}$$

となって，次元が一つ高くなっていることに注意しよう．これを **拡大相空間** という.

---

[13]特異点という用語は様々な意味で使われる．関数として v が微分できない点という意味ではないことに注意.

2.3 ベクトル場が生成する流れ

相空間を $\mathbb{R}^n$ とするベクトル場

$$\dot{x} = v(t, x)$$

が定義する常微分方程式を考える．あとで証明するように，v があまり変な関数でなければ（例えば微分可能であればよい），任意の初期値に対して，初期値問題の解がただ一つ存在する（定理 5.10）．初期値を $x(t_0) = x_0$ とする解を $\psi_{t_0, x_0}(t)$ と書く．すなわち，

$$\frac{d\psi_{t_0, x_0}}{dt}(t) = v(t, \psi_{t_0, x_0}(t)), \quad \psi_{t_0, x_0}(t_0) = x_0$$

である．簡単のため，$\psi_{t_0, x_0}(t)$ はすべての実数 t に対して定義されるとしよう．

いま t_0 は固定して初期値 x_0 を相空間上で動かす．すると，点 $x_0 \in \mathbb{R}^n$ と実数 t に対して $\psi_{t_0, x_0}(t) \in \mathbb{R}^n$ を対応させる写像

$$\mathbb{R} \times \mathbb{R}^n \ni (t, x_0) \mapsto \psi_{t_0, x_0}(t) \in \mathbb{R}^n$$

が考えられる．初期値の x_0 を改めて x と書き，この写像を $\Psi_{t_0}(t, x)$ と呼ぶことにする．

$$\Psi_{t_0}(t, x) := \psi_{t_0, x}(t)$$

である．Ψ_{t_0} は相空間の点 x と時刻 t に対して，時刻 t_0 に x を通る軌道の時刻 t での位置を返す写像である．時刻 t を固定して，

$$\Psi_{t_0}^t(x) := \Psi_{t_0}(t, x)$$

とおくと，$\Psi_{t_0}^t$ は相空間 $\mathbb{R}^n$ からそれ自身への写像となる．相空間の点 x に対して，時刻 t_0 にその点を通る軌道が時刻 t でいる場所を返す写像である．これらの写像 $\Psi_{t_0}, \Psi_{t_0}^t$ をベクトル場の生成する**流れ**もしくは**相流**という．初期値に関する解の微分可能性（定理 5.17）を用いると，ベクトル場 v が C^1 級であれば，$\Psi_{t_0}^t$ は微分可能となることが示せる．

相空間の個々の点ではなく，相空間の部分集合 N に対してその t 秒後の位置 $\Psi^t(N)$ を考えることも力学系ではよく行なわれる（図 2.11）．

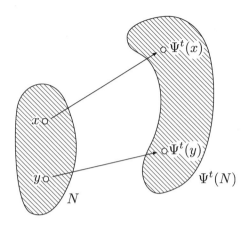

図 2.11　流れ

　微分方程式が自励系

$$\dot{x} = v(x)$$

となる場合には，解が時間に関する平行移動で不変になる．そのため，写像 $\Psi_{t_0}^t$ は $t - t_0$ だけで決まる．すなわち，

$$\Psi_{t_0}^t(x) = \Psi_{t_0+\tau}^{t+\tau}$$

が任意の $\tau \in \mathbb{R}$ で成立する．そこで，特に $t_0 = 0$ と選んで

$$\Psi(t, x) := \Psi_0(t, x), \quad \Psi^t(x) := \Psi_0^t(x)$$

と書くことにする．写像 Ψ^t は，相空間の点 x に対して，その点を通る微分方程式の解が t 秒後にいる場所を与える．流れ Ψ^t を用いると，点 x の軌道 $\mathcal{O}(x)$ は

$$\mathcal{O}(x) = \{\Psi^t(x) \mid t \in \mathbb{R}\}$$

と表すことができる．

　自励系の流れ Ψ^t に対し，

$$\Psi^0 = \mathrm{id} \tag{2.14}$$

が定義より成立する．ここで id は $\mathbb{R}^n$ の恒等写像である．

また，写像として

$$\Psi^{s+t} = \Psi^s \circ \Psi^t \tag{2.15}$$

が任意の $s, t \in \mathbb{R}$ で成立する．左辺は，ある点を軌道上で $s + t$ 秒後の位置に動かすという操作であり，いっぽう右辺はまず t 秒後の位置に動かして，その点をさらに s 秒後の位置に動かす操作である．これらが等しいというのが (2.15) の主張である．

これを証明しよう．まず s を固定して

$$\phi(t) = \Psi^{s+t}(x_0), \quad \psi(t) = \Psi^s \circ \Psi^t(x_0)$$

とおく．すると $\phi(0) = \Psi^s(x_0) = \psi(0)$ より，$\phi(t)$ と $\psi(t)$ が同じ初期条件をみたす微分方程式 $\dot{x} = v(x)$ の解となる．よって解の一意性より $\phi = \psi$ となる．

(2.14) と (2.15) より

$$\Psi^t \circ \Psi^{-t} = \Psi^{t-t} = \Psi^0 = \mathrm{id}$$

となるので，任意の t に対し Ψ^t が可逆で，その逆写像が Ψ^{-t} であることがわかる．特にベクトル場が C^1 級の場合には定理 5.17 より Ψ^t は可微分写像となり，逆写像 Ψ^{-t} も可微分写像であることから，可微分同相写像となることがわかる．

一般に (2.14) と (2.15) をみたす写像の族 $\{\Psi^t\}$ を **1 パラメータ変換群** という[14]．

このように，常微分方程式が与えられるとそこから 1 パラメータ変換群が構成できるが，逆に $\mathbb{R}^n$ 上に C^1 級の流れ $\Psi : \mathbb{R} \times \mathbb{R}^n \to \mathbb{R}^n$ が与えられると，そこから常微分方程式を導くことができる．実際，自励系ベクトル場 $v(x)$ を

$$v(x) := \left. \frac{d\Psi(t,x)}{dt} \right|_{t=0}$$

で定めることができ，$v(x)$ が定める流れは Ψ に戻ることがわかる．この意味で自励系常微分方程式を考えることと，流れを考えることは同値であるといってよい．

---

[14] 群論の言葉を用いると，加法群 $\mathbb{R}$ の相空間 $\mathbb{R}^n$ への作用を定めているともいえる．

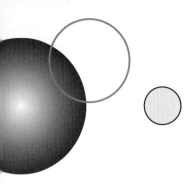

第3章

求積法

この章では常微分方程式を解く最も基本的な方法である求積法を学習する.
求積法とは,もともとは面積を求める方法を意味する用語であるが,より一般
に常微分方程式の解を有限回の積分を行なうことで求める方法を意味するよう
になった.

求積法として最も有名なのは変数分離法である.なるべく解法の意味がわか
るように,変数分離法よりもさらに簡単な場合から順に複雑な方程式を扱って
いくことにする.

意味などわからなくても解ければよいという態度も否定されるものではない.
積分に比べて微分が簡単であることを思い出そう.どんな方法でもいいから解
らしき関数を見つけてしまえば,それが本当に解であることのチェックは微分
するだけなので比較的簡単である.さらに第5章でみるように,我々が普段目
にするような方程式に対しては解の一意性が成立するので,解を一つ見つけて
しまえば他には解がないことまでわかるのである.

3.1 不定積分と定積分

実数 $\mathbb{R}$ 上で定義された実数値関数 $f(x)$ の原始関数とは $\dfrac{d}{dx}F(x) = f(x)$ と
なる関数 $F(x)$ のことであった. $f(x)$ が連続であるなどの良い条件を満たすと
きには,適当に $a \in \mathbb{R}$ を選び

$$F(x) = \int_a^x f(t)\, dt$$

とおけば，これが原始関数の一つであった．微積分で習ったことをなぜ繰り返すのかというと，この操作が求積法の最も古く簡単な形だからである．

単独の正規形常微分方程式

$$\frac{dx}{dt} = v(t, x)$$

を考えよう $(x(t) \in \mathbb{R})$．右辺の v が独立変数 t によらないときに，系を自励系と呼ぶのであった．本節で考えるのは，それとは逆に方程式の右辺が未知関数 x によらず，

$$\frac{dx}{dt} = v(t)$$

と書ける場合である．変化の比率 $\dfrac{dx}{dt}$ が位置 x によらず，時間だけで決まるということである．前章では，非自励系の方程式を自励系に変換する方法を述べたが，いまの場合はそのような変換をせずとも微分積分学の基本定理だけで解を表示できる．

定理 3.1 常微分方程式 $\dfrac{dx}{dt} = v(t)$ に対し

$$x(t) = x_0 + \int_{t_0}^t v(\tau)\, d\tau$$

とおくと，$x(t)$ は初期条件 $x(t_0) = x_0$ をみたす解である．

証明 方程式の両辺を t_0 から t まで積分すると

$$\int_{t_0}^t \frac{dx}{dt}\, dt = \int_{t_0}^t v(t)\, dt$$

となるが，微分積分学の基本定理（[7], 定理 11.2.1）より左辺は $x(t) - x(t_0) = x(t) - x_0$ となる．右辺の定積分の仮変数を t から τ に交換すると（積分区間の上端を示す t とまぎらわしくないように），定理の式が得られる． ∎

　定理 3.1 では $v(x)$ に対し定積分を行なったが，不定積分をしても解を得ることはできる．微分方程式でいうと，不定積分は一般解，定積分は特殊解を求めることにあたる．実際，微分方程式 $\dfrac{dx}{dt} = v(t)$ の両辺を不定積分すると

$$x(t) = \int v(t)\,dt + C$$

と積分定数 C を含む関数が得られるが，これが微分方程式の一般解である．特殊解を得るには，初期条件 $x(t_0) = x_0$ を用いて積分定数 C を決めてやればよい．

　以上により $\dfrac{dx}{dt} = v(t)$ という形の方程式はいつでも解を積分で表示できることがわかった．解法で重要だったのは，右辺には未知関数 x が登場しないことである．既知の関数だけなので積分が実行できたわけである．実際には v を積分するのはひどく難しいかもしれないし，また積分した結果が初等関数[1]として書けるかどうかの保証もない．しかし，とにかく積分を 1 回するだけで解が得られるという事実が大事である．

3.2　単独自励系方程式

　次に考えるのは同じく $\mathbb{R}$ 上で定義された自励系微分方程式である．前節とは逆に，今度は右辺の関数に t が現れない場合である．そのような微分方程式は

$$\frac{dx}{dt} = v(x) \tag{3.1}$$

と書ける $(x \in \mathbb{R})$．右辺の $v(x)$ は 1 次元空間 $\mathbb{R}$ 上の自励系ベクトル場を定めている．

　前節の場合とは違い，右辺は未知関数 $x(t)$ に依存するので，単純に右辺を積分して解を求めることはできない．ではどうするかというと，(3.1) の両辺の逆数をとってしまうのである．すると，

$$\frac{dt}{dx} = \frac{1}{v(x)} \tag{3.2}$$

---

[1] 多項式および指数関数，対数関数をもとに，それらを四則演算と関数の合成，代数方程式の解を解く操作により組み合わせてできる関数を初等関数と呼ぶ．

となる．右辺はともかく，左辺でそんなことをしてよいか不安になるが，もし t が x の関数として $t = t(x)$ と書かれ，逆関数定理（[7]，定理 8.5.1）が使える状況であれば，

$$\frac{dt}{dx} = \left(\frac{dx}{dt}\right)^{-1}$$

が成立するので，この変形は $\frac{dx}{dt} \neq 0$ ならば（すなわち $v(x) \neq 0$ ならば）意味をもつ．逆数をとって得られた (3.2) において，独立変数が x，未知関数が $t(x)$ だと思うと，これはまさに前節の不定積分で解ける方程式の形をしている．初期条件を $t(x_0) = t_0$ とすると，(3.2) の解は

$$t(x) = t_0 + \int_{x_0}^{x} \frac{1}{v(\xi)} d\xi$$

で与えられる．$t = t(x)$ は，$t = t_0$ に x_0 から出発する解が位置 x にたどりつく時刻 t を与える関数である．t が x の関数として求まったので，逆関数を求めれば，x を t の関数として表すことができる[2]．

積分に $v(x)$ の逆数が登場するので，$v(x) = 0$ となる x，すなわちベクトル場 $v(x)$ の零点の扱いが心配になるが，$v(x)$ の零点を通る (3.1) の解としては定数解をもってくればよい．

以上の議論を整理して，定理の形で述べよう．

定理 3.2

常微分方程式 $\dot{x} = v(x)$ の $x(t_0) = x_0$ という初期値をみたす解 $x(t)$ は，

$$\begin{cases} \text{定数関数 } x(t) = x_0 & (v(x_0) = 0 \text{ のとき}) \\ \psi(x) \text{ の逆関数} & (v(x_0) \neq 0 \text{ のとき}) \end{cases}$$

で与えられる．ただし $\psi(x)$ は

$$\psi(x) = t_0 + \int_{x_0}^{x} \frac{1}{v(\xi)} d\xi$$

---

[2] $x(t)$ が距離，t が時間，$v(x)$ が速さだと思うと，方程式 (3.1) は $\dfrac{距離}{時間} = 速さ$ という「ハジキの法則」の微分方程式による表現だと思える．そこから独立変数と未知関数を主客交代して得られた (3.2) はハジキの法則の別の表現ということになる．

で定まる関数で, その定義域は x_0 を含み $v(x)$ の零点を含まないような最大の
開区間である.

証明　まず $v(x_0) = 0$ のときを考える. 任意の t に対して $x(t) = x_0$ とおく
と, 定数関数なので $\dot{x}$ は常に 0 である. またすべての t で $v(x(t)) = v(x_0) = 0$
なので, $x(t)$ は解である.

　次に $v(x_0) \neq 0$ とし, $\psi(x)$ を定理で定義された関数とする. このとき, 微
積分学の基本定理から

$$\frac{d\psi}{dx} = \frac{1}{v(x)}$$

となる. 特に $\dfrac{d\psi}{dx}(x_0) = \dfrac{1}{v(x_0)} \neq 0$ である. よって逆関数定理より $x = x_0$ の
近くで $\psi(x)$ の逆関数 $\phi(t)$ が存在する. $\psi(x_0) = t_0$ より $\phi(t_0) = x_0$ である.
これが解であることは,

$$\frac{d\phi}{dt} = \left(\frac{d\psi}{dx}\right)^{-1} = v(x)$$

より従う. ∎

　いま $v(x)$ が可微分関数だとする. すると, 第 5 章で証明する常微分方程式の
解の一意性が成立する. このとき, 零点を通る解は定数解のみで, 定数ではない解
は決して $v(x)$ の零点と交わることはない. 初期値において $\dot{x}(t_0) = v(x_0) > 0$
のときは, 初期速度が正なので解は数直線を右向きに出発する. 途中で $v(x) = 0$
となることはないので, $x(t)$ は t の狭義単調増加関数である.

　この定理は, 1 次元の自励系ベクトル場にしか使えないことに注意しよう. 自
励系でない場合には使えない. また, 高次元のベクトル場に対してもこの方法
は使えない. 1 次元の場合には x_0 から x への可能な軌道が一つしかないので,
定理のように $\psi(x)$ を定めることができたが, 高次元の場合に同様な積分を し
ようとしても, 積分経路をどうとればよいのかが $x(t)$ 自身に依存してしまうの
で, 定まらないのである.

◆**例 3.3** $\dot{x} = ax$ という常微分方程式を考えよう. ベクトル場 $v(x) = ax$ の零点は $x = 0$ のみである. 初期値を $t = 0$ で $x(0) = x_0 > 0$ とする. 定理 3.2 の $\psi(x)$ を求めると,

$$\psi(x) = \int_{x_0}^{x} \frac{1}{a\xi} d\xi = \frac{1}{a}(\log x - \log x_0)$$

となる. ただし ψ はベクトル場の零点 $x = 0$ を超えて定義できないので, $x > 0$ の場合のみを考えている. $t = \psi(x)$ の逆関数を求めると $at = \log x - \log x_0$ より $x = x_0 e^{at}$ となり, 確かに指数関数として解が求まった. また, 初期値を $x(0) = x_0 < 0$ とすると, $x < 0$ に対して ψ を定義することができ, 同様に解が指数関数となることが示せる.

　ベクトル場の様子は $a > 0$, $a = 0$, $a < 0$ で異なり, $a > 0$ のときは原点から外向き, $a < 0$ のときは原点へ向かう向きにベクトルが生えている (図 3.1). それに従い, 解も $a > 0$ のときは $t \to \infty$ で原点から遠ざかり, $a > 0$ のときは $t \to \infty$ で原点へ収束する (図 3.2).

　いまの指数関数の例では, 解 $x(t)$ はすべての $t \in \mathbb{R}$ に対して定義されていたが, いつでもそうなるとは限らない.

◆**例 3.4** 常微分方程式 $\dot{x} = x^2$ を考える. 初期値は $t = 0$ で $x(0) = 1$ としよう. 定理 3.2 を用いると

$$t(x) = \psi(x) = \int_{1}^{x} \frac{1}{z^2} dz = 1 - \frac{1}{x}$$

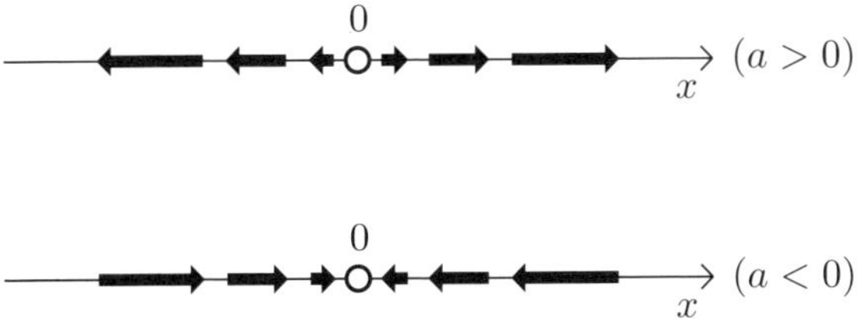

図 3.1 ベクトル場 $v(x) = ax$

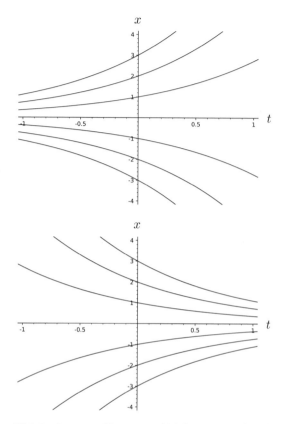

図 3.2 $\dot{x} = ax$ の解： $a = 1$ （上図）, $a = -1$ （下図）

となり，これを x について解くと

$$x(t) = \frac{1}{1 - t}$$

となる．x のグラフは図 3.3 のようになり，x が ∞ に近づくと t が 1 に漸近する．これは逆関数をとると，t が 1 に近づくときに，x が ∞ に発散することを示している．この場合はベクトル場の増加する割合が大きすぎて，あっというまに $\dot{x}$ が大きくなり，たった 1 秒で無限大に飛んでいってしまうのである．

この例のように有限時間で解が無限大に飛んでいってしまうことを **解の爆発**

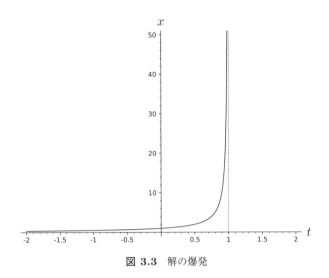

図 3.3 解の爆発

という．ベクトル場の増加が速すぎるのが爆発の原因だが，解が爆発するかどうかを大きく作用するのは，ベクトル場の大きさの絶対値ではなく，$v(x)$ の x に関する次数（例 3.3 の場合は 1 次なのに対し，例 3.4 の場合は 2 次）である．このことをはっきりさせるため，次の問題を考えよう．

問題 3.5 ベクトル場 $\dot{x} = v(x)$ の解を $x(t)$ とすると，ベクトル場 $\dot{x} = \lambda v(x)$ の解は $x(\lambda t)$ で与えられることを示せ．

この問題より，解が発散しないベクトル場の大きさを百万倍しても，同じ位置に到達するのにかかる時間が百万分の 1 になるだけで，有限時間で ∞ に到達することはできないとわかる．

3.3　変数分離形

方程式の右辺が時間 t と x のどちらか一方しか含まない場合の解法をこれまでみてきた．次に簡単な場合は，右辺が t と x の両方を含むものの，t の影響を受ける部分と受けない部分に分離できる場合である．すなわち，

$$\frac{dx}{dt} = f(x)g(t) \tag{3.3}$$

という形の方程式を考える．これを **変数分離形** の常微分方程式という．(3.3)
において $f(x) = 1$ の場合が 3.1 節で扱った積分で解ける場合，また $g(t) = 1$
の場合が 3.2 節で扱った逆関数 $t = t(x)$ を用いて解ける場合である．変数分離
形の解法は，これらの解法をミックスしたものになっている．変数分離形の解
法を **変数分離法** という．

　変数分離形の方程式を解くためには，まず両辺を $f(x)$ で割って

$$\frac{1}{f(x)}\frac{dx}{dt} = g(t) \tag{3.4}$$

とする．この両辺を t で不定積分すると

$$\int \frac{1}{f(x)}\frac{dx}{dt}dt = \int g(t)dt$$

となる．ここで微積分で習った積分の変数変換を用いて，左辺は

$$\int \frac{1}{f(x)}\frac{dx}{dt}dt = \int \frac{1}{f(x)}dx$$

と t を消してしまえるのがポイントである．いま $1/f(x)$ と $g(t)$ の原始関数
が求まるとして，それらをそれぞれ $F(x), G(t)$ とすると，$F(x) = G(t) + C$
が成立する．C は積分定数である．この方程式を x について解き，x を t の
関数として求めることができれば，微分方程式 (3.3) の解が求まったことにな
る．初期値問題の解を考える場合であれば，初期値に適合するように C を選べ
ばよい．

　不定積分でなく，定積分で書くこともできる．この場合，解の初期値を $x(t_0) = x_0$ と指定して，(3.4) の両辺を t_0 から t まで積分すると，

$$\int_{t_0}^{t} \frac{1}{f(x)}\frac{dx}{dt}dt = \int_{t_0}^{t} g(t)dt$$

であるが，$x(t_0) = x_0$ なので，結局得られる方程式は

$$\int_{x_0}^{x} \frac{1}{f(x)}dx = \int_{t_0}^{t} g(t)dt$$

である．この積分を実行して $x(t)$ について解けば解が得られる．

変数分離法という名前は，x についての積分と t についての積分を独立に行なえることからついたのであるが，(3.4) を形式的に[3]

$$\frac{1}{f(x)}\,dx = g(t)\,dt$$

と書くと，x は左辺のみに，t は右辺のみに出てくる．変数が分離されているという感じがより見やすくなるだろう．

さて，この解法で問題なのは $f(x)$ で両辺を割る操作である．もし $f(x)$ が 0 になってしまうと，この操作は許されない．この問題は以下のように解決される．いま $f(x)$ も $g(t)$ も可微分関数だとする．すると，第 5 章で証明する常微分方程式の解の一意性が成立する．ある x_0 において $f(x_0) = 0$ だとしよう．このとき，$y(t) = x_0$ という定数関数を考えると，これは微分方程式 (3.3) の解になっている．実際，定数関数なので左辺の微分は 0，右辺は

$$f(y(t))g(t) = f(x_0)g(t) = 0$$

で等しい．常微分方程式の解の一意性を用いると，ある時刻に x_0 を通る解はこの定数関数 y しかないことが従う．このことは，$f(x_1) \neq 0$ となる x_1 から出発する解 $x(t)$ は決して $f(x) = 0$ となる x を通らないことを意味する．よって，$f(x_0) \neq 0$ となる初期値から出発する解を考えるうえでは，両辺を $f(x)$ で割ってもよいことになる．

◆**例 3.6**　前節でも扱った $\dot{x} = ax$ をふたたび考える．これは変数分離形で，(3.3) において $f(x) = x$, $g(t) = 1$ とおいたものである．変数分離形の解法に従って

$$\frac{1}{x}\frac{dx}{dt} = a$$

の両辺を積分すると $\log|x| = at + C$ となる．ここで C は積分定数である．この式を x について解くと $x(t) = e^{at+C}$ が得られる．初期値を $x(0) = x_0$ とすると $(x_0 \neq 0)$，$C = \log|x_0|$ と積分定数が定まる．定数を $C_0 = e^C$ とおきかえて $x(t) = C_0\,e^{at}$ と書くこともできる．こうすると，$x_0 = 0$，すなわち原

[3]「微分形式」という道具を用いればちゃんと意味をもたせることができる．

点から動かない定数解 $x(t) = 0$ も $C_0 = 0$ として場合分けせずに一般解に含むことができる.

◆**例 3.7** 例 3.6 の右辺に $(1 - x/N)$ という項を掛けた微分方程式

$$\frac{dx}{dt} = ax\left(1 - \frac{x}{N}\right) \tag{3.5}$$

は**ロジスティック方程式**という名前で呼ばれ,生物の個体数の変動を記述するモデルとして広く用いられている.これも変数分離形の方程式である(自励系なので,前節の方法でも同様に解ける).

解く前に,この方程式が生物の個体数変動とどう関係するのか解説しよう.もしある生物が十分に栄養もとれて,増殖に何の制限もないとすると,個体数は個体数に比例する速度で増殖すると考えられる.大きなシャーレで細菌を培養している様子を想像すればよい.この場合,比例定数を a として例 3.6 の方程式 $\dot{x} = ax$ によって個体数は記述される.よって個体数は指数的に増加する.しかし,個体数があまりに多くなると,栄養や場所の奪い合いが起きて,それまでのように順調には増殖できなくなると考えるのが自然である.細菌が増殖しすぎてシャーレが満杯になってしまったような状況である.シャーレの大きさに対してちょうどよい個体数を N とすると,このような増殖速度の制限効果は微分方程式の右辺 ax に $\left(1 - \dfrac{x}{N}\right)$ という項を掛けることによって表現できる.こうして得られたのがロジスティック方程式である.$x < N$ のあいだは個体数は増加するが,$x > N$ の場合には増殖率は負になり,個体数は減少する(図 3.4).

さて,方程式を変数分離して積分すると,左辺は

$$\int \frac{dx}{x(1 - x/N)} = \int \left(\frac{1}{N - x} + \frac{1}{x}\right) dx = \log\left|\frac{x}{N - x}\right|$$

となる.右辺は $\int a\,dt = at$ となることから,積分定数 C を用いて

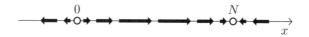

図 3.4 ロジスティック方程式のベクトル場

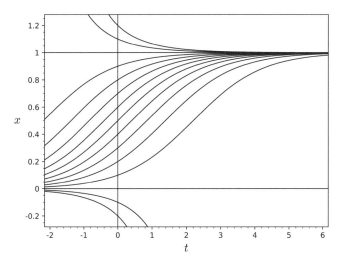

図 **3.5** ロジスティック方程式の解

$$\log\left|\frac{x}{N-x}\right| = at + C$$

と書ける．これを $0 < x < N$ で x について解くと

$$x(t) = N\frac{e^{at+C}}{1 + e^{at+C}}$$

が得られる．e^C を改めて C とおきなおすと，

$$x(t) = N\frac{Ce^{at}}{1 + Ce^{at}}$$

となる．また $x < 0$ や $N < x$ の場合も，$-e^C$ を C とおきなおすと解は同じ形になる．この表現から，$a > 0$ の場合には $t \to \infty$ で解は N に収束し，また $t \to -\infty$ で解は 0 に収束する様子がわかる．図 3.5 は $a = 1$, $N = 1$ とおいたロジスティック方程式の解を表示したものである．初期値 $x(0)$ は -0.2 から 1.2 まで 0.1 刻みで変化させた．

　例 3.6 と例 3.7 では方程式が自励系だったので前節の方法でも解けたが，次の例はそうはいかない．

◆**例 3.8** 微分方程式

$$\frac{dx}{dt} = -2xt$$

を考えよう．変数分離して積分すると

$$\int \frac{dx}{x} = -2\int t\,dt$$

より $\log|x| = -t^2 + C$ となる．これより $|x| = \exp(-t^2 + C)$ である．いま，初期値が $x(0) = x_0$ となる解を求めよう．定数関数 $x(t) = 0$ が解であることと解の一意性より，もし $x(t_0) > 0$ ならば，すべての t で $x(t) > 0$ となる．逆に $x(t_0) < 0$ ならば，すべての t で $x(t) < 0$ である．すなわち解は $x = 0$ をまたげないことに注意しよう．初期値を $|x| = \exp(-t^2 + C)$ に代入すると，$x_0 > 0$ のときは $x_0 = e^C$，$x_0 < 0$ のときは $x_0 = -e^C$ である．よって解は

$$x(t) = x_0 e^{-t^2}$$

と書ける．この曲線はいわゆる釣鐘型をしており，ガウス関数と呼ばれる関数のグラフである（図 3.6）．ガウス関数は確率や統計でおなじみの正規分布を記述する．

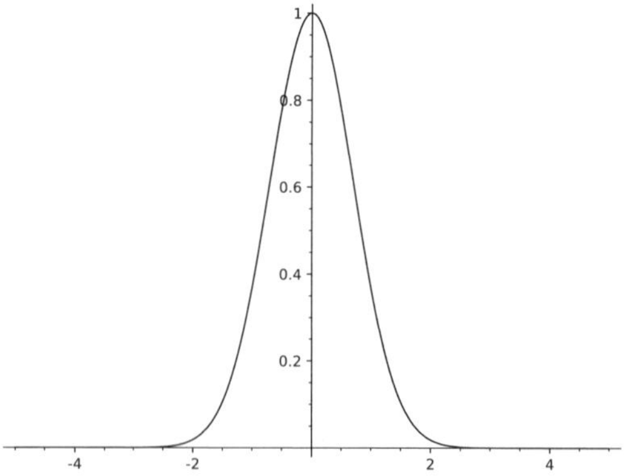

図 3.6 ガウス関数

3.4 同次形

この節では，独立変数と未知関数をなるべく対等に扱いたいので，これまで
と文字を変えて独立変数を x，未知関数を y とする．

正規形の 1 階微分方程式で，右辺が y/x の関数として与えられる方程式，す
なわち

$$\frac{dy}{dx} = F\left(\frac{y}{x}\right) \tag{3.6}$$

という形の方程式を **同次形** という．この方程式は以下のようにして変数分離形
に帰着できる．

まず

$$z = \frac{y}{x}$$

とおく．このとき，$y = xz$ より

$$\frac{dy}{dx} = z + x\frac{dz}{dx}$$

なので，(3.6) に代入すると

$$z + x\frac{dz}{dx} = F(z)$$

が得られる．整理すると

$$\frac{dz}{dx} = \frac{F(z) - z}{x}$$

となり，これは変数分離形である．前節の方法を使うと

$$\int \frac{dz}{F(z) - z} = \int \frac{dx}{x}$$

となる．

◆**例 3.9** 同次形方程式

$$\frac{dy}{dx} = e^{y/x} + \frac{y}{x}$$

を考えよう．先ほどの解法通りに $z = y/x$ とおくと

$$z + x\frac{dz}{dx} = e^z + z$$

となるので，整理して

$$\frac{dz}{dx} = \frac{e^z}{x}$$

という方程式が得られる．変数分離して積分すると

$$\int \frac{dz}{e^z} = \int \frac{dx}{x}$$

より $-e^{-z} = \log|x| + C$ となる．もとの変数に戻すと

$$-e^{-y/x} = \log|x| + C$$

であり，さらに y について解くと

$$y(x) = -x \log\left|\log\frac{1}{|x|} - C\right|$$

が解である．

◆**例 3.10**　微分方程式

$$\frac{dy}{dx} = -\frac{x}{y} \tag{3.7}$$

を考える．これも同次形方程式であり，$z = y/x$ とおくことにより，

$$z + x\frac{dz}{dx} = -\frac{1}{z}$$

となる．変数分離して積分すると，

$$-\int \frac{z}{1+z^2}\,dz = \int \frac{dx}{x}$$

より

$$-\frac{1}{2}\log(1+z^2) + C = \log|x|$$

が得られる．これを整理して

$$2\log|x| + \log(1+z^2) = 2C$$

としてから指数をとると，

$$x^2(1+z^2) = c^2$$

を得る. ただし $c = e^C$ とおいた. 変数を x, y に戻すと,

$$x^2 + y^2 = c^2 \tag{3.8}$$

となり, 半径 c の円の方程式が得られた. これで陰関数として $y(x)$ を求められたことになる. 必要ならば (3.8) を解いて $y(x) = \sqrt{c^2 - x^2}$ と関数を明示することもできる.

円の方程式 (3.8) から微分方程式 (3.7) を得るには, (3.8) の両辺を x で微分してやればよい. すると, パラメータ c が消去されて

$$2x + 2y\frac{dy}{dx} = 0$$

となり, 整理すると (3.7) になる.

微分方程式が多項式 $P(x, y)$ および $Q(x, y)$ により

$$\frac{dy}{dx} = \frac{P(x, y)}{Q(x, y)}$$

と書かれているとき, P と Q が同じ次数の同次式であれば方程式は同次形である. すなわち, 多項式 P と Q に現れるすべての項が x, y について同じ次数であればよい. 例えば P, Q が共に 2 次式とすると, その一般形は

$$\frac{dy}{dx} = \frac{p_2 x^2 + p_1 xy + p_0 y^2}{q_2 x^2 + q_1 xy + q_0 y^2}$$

と書ける. 右辺の分子と分母を x^2 で割ると

$$\frac{p_2 + p_1(y/x) + p_0(y/x)^2}{q_2 + q_1(y/x) + q_0(y/x)^2}$$

となり, これは y/x の関数なので同次形である.

◆**例 3.11** 微分方程式

$$\frac{dy}{dx} = -\frac{y^4 - 2x^3 y}{x^4 - 2xy^3} \tag{3.9}$$

を考える. 右辺の分子と分母を x^4 で割ると,

$$\frac{dy}{dx} = -\frac{(y/x)^4 - 2(y/x)}{1 - 2(y/x)^3}$$

が得られる．同次形の解法に従い $z = y/x$ とおくと，

$$z + x\frac{dz}{dx} = -\frac{z^4 - 2z}{1 - 2z^3}$$

となる．これを整理して変数を分離し積分すると

$$\int \frac{1}{x}\,dx = \int \frac{1 - 2z^3}{z + z^4}\,dz$$

が得られる．部分分数分解

$$\frac{1 - 2z^3}{z + z^4} = \frac{1}{z} - \frac{3z^2}{1 + z^3}$$

を用いて積分を計算すると

$$\log|x| = \log|z| - \log|1 + z^3| + C$$

となる．移項して指数をとり $\log$ を外し，さらに定数を $c = e^C$ とおきなおすと，

$$x(1 + z^3) = cz$$

となる．変数を z から y に戻すことにより

$$x^3 + y^3 = cxy \tag{3.10}$$

という関係式が得られた．例 3.10 と同様に，(3.10) は (x, y) 平面上の曲線を定め（図 3.7），また y を x の陰関数として定めている．関係式 (3.10) から微分方程式 (3.9) を復元するには，まず (3.10) を

$$\frac{x^3 + y^3}{xy} = c \tag{3.11}$$

と変形したうえで，両辺を x で微分する．こうするとパラメータ c が消去されて，微分方程式が復元される．

問題 3.12　式 (3.11) を微分して，微分方程式 (3.9) を得る計算を実行せよ．

　また，方程式の右辺が 1 変数関数 F と 1 次の有理式を合成した形，すなわち

$$\frac{dy}{dx} = F\left(\frac{ay + bx + p}{cy + dx + q}\right)$$

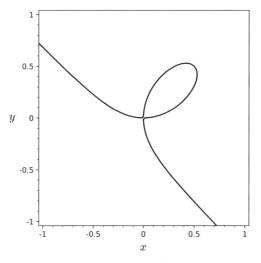

図 3.7 曲線 $x^3 + y^3 = xy$

という形のときも，変数分離に帰着させることができる．

まず $ad - bc \neq 0$ であるとき，すなわち行列

$$A = \begin{pmatrix} a & b \\ c & d \end{pmatrix}$$

が正則なときを考えよう．このとき A は逆行列をもつので，これを用いて

$$\begin{pmatrix} y_0 \\ x_0 \end{pmatrix} = -A^{-1} \begin{pmatrix} p \\ q \end{pmatrix}$$

を求め，

$$Y = y - y_0, \quad X = x - x_0$$

という新しい変数を定める．これをもとの方程式に代入すると，$dY/dX = dy/dx$ より

$$\frac{dY}{dX} = F\left(\frac{a(Y + y_0) + b(X + x_0) + p}{c(Y + y_0) + d(X + x_0) + q} \right)$$

であるが，(y_0, x_0) の定めかたより

$$ay_0 + bx_0 = -p, \quad cy_0 + dx_0 = -q$$

なので，右辺に登場する p, q は消えて

$$\frac{dY}{dX} = F\left(\frac{aY + bX}{cY + dX}\right)$$

を得る．これは同次形である．

　次に $ad - bc = 0$ のときを考える．このときベクトル (a, b) と (c, d) は一次従属である．いま (c, d) がゼロベクトルでないとすると，ある実数 k が存在して $(a, b) = k(c, d)$ となる．ここで，分母を

$$z = cy + dx + q$$

とおくと，

$$ay + bx + p = k(cy + dx) + p = k(z - q) + p$$

となり，$\dfrac{dz}{dx} = c\dfrac{dy}{dx} + d$ なので，方程式は

$$\frac{dz}{dx} = cF\left(\frac{k(z - q) + p}{z}\right) + d$$

と変形された．右辺には独立変数 x が出てこないので，これは積分できる．$(c, d) = (0, 0)$ のときは，

$$z = \frac{ay + bx + p}{q}$$

とおけば同様に

$$\frac{dz}{dx} = \frac{a}{q}F(z) + \frac{b}{q}$$

となり，これも右辺には独立変数 x が出てこないので積分できる．

3.5　完全微分形

　例 3.10 で扱った円の方程式をふたたび考える．ここでは方程式を

$$x^2 + y^2 - r^2 = 0 \tag{3.12}$$

としよう．例 3.10 では y を x の関数であるとしたが，今度は円がパラメータ t により $x = x(t), y = y(t)$ と表されているとしよう．このとき，方程式 (3.12) を t で微分することにより

$$x\frac{dx}{dt} + y\frac{dy}{dt} = 0 \tag{3.13}$$

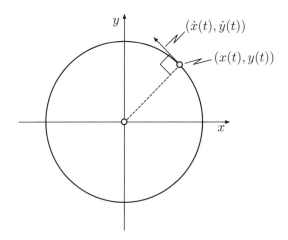

図 3.8 $(x(t), y(t))$ と $(\dot{x}(t), \dot{y}(t))$

を得る.

　円の上を動く点 $(x(t), y(t))$ に向けて原点から引いたベクトルと，その点で
の $(x(t), y(t))$ の速度ベクトル $(\dot{x}(t), \dot{y}(t))$ は直交する（図 3.8）．この幾何学的
な条件を内積で書くと，

$$(x(t), y(t)) \cdot (\dot{x}(t), \dot{y}(t)) = x(t)\dot{x}(t) + y(t)\dot{y}(t) = 0$$

となり，これは (3.13) と同じ方程式である．

　いま $\dfrac{dx}{dt} \neq 0$, $y \neq 0$ を仮定すると方程式 (3.13) は

$$\left(\frac{dy}{dt}\right) \Big/ \left(\frac{dx}{dt}\right) = -\frac{x}{y} \tag{3.14}$$

と変換できるが，陰関数定理によると左辺は $\dfrac{dy}{dx}$ と等しくなり，結局

$$\frac{dy}{dx} = -\frac{x}{y} \tag{3.15}$$

という $y = y(x)$ に関する微分方程式が得られる．

　この変形を逆にたどると，(3.12) より，この微分方程式の解 $y = y(x)$ の上
では，$x^2 + y(x)^2 = r^2$ が常に成立していることがわかる．もちろん (3.12) を

解けば $y = \sqrt{r^2 - x^2}$ と明示的に y を x で表現できるが，実際

$$\frac{d}{dx}\sqrt{r^2 - x^2} = -2x \cdot \frac{1}{2}(r^2 - x^2)^{-\frac{1}{2}} = -\frac{x}{\sqrt{r^2 - x^2}} = -\frac{x}{y}$$

となって (3.15) をみたしている．

　このように，ある $F(x, y) = 0$ という方程式のパラメータ表示を微分して得られる微分方程式を完全微分形という．完全微分形の方程式を考えるときには，(3.15) のように $\frac{dy}{dx}$ について解いた正規形で書くのではなく，(3.13) の両辺に形式的に dt を掛けた

$$xdx + ydy = 0 \tag{3.16}$$

という表示にすると便利である．この表示ならば $\frac{dx}{dt} \neq 0$ という条件を気にすることはない．実際，もし (3.13) において $\frac{dx}{dt} = 0$ ならば，今度は $\frac{dy}{dt} \neq 0$，$x \neq 0$ という条件のもとに

$$\frac{dx}{dy} = -\frac{y}{x} \tag{3.17}$$

という微分方程式が得られるが，(3.16) はこのどちらの方程式も含む表現になっているのである．

　変数分離形のときにもあったが，(3.16) のように dx, dy などが $\frac{dy}{dx}$ という組合せを離れて単独で方程式に登場するのは奇妙に思えるかもしれない．しかし，これは微分形式の理論を学べばちゃんと正当化できるので心配しなくてよい．とりあえずは，この表現は方程式をパラメータによらず便利に表現する方法であると理解し，必要ならば (3.13) のような形に戻して考えることにする．

　以下ではいったん完全微分形の一般論を扱う．

　定義 3.13　$P(x, y)$ と $Q(x, y)$ は $\mathbb{R}^2$ 上で定義された関数であるとする．方程式 $P(x, y)dx + Q(x, y)dy = 0$ が **完全微分形** であるとは，ある滑らかな関数 $F(x, y)$ が存在して，

$$P(x, y) = \frac{\partial F}{\partial x}(x, y), \quad Q(x, y) = \frac{\partial F}{\partial y}(x, y)$$

となることである．

関数の全微分の定義 ([7], 定義 13.1.2) を思い出せば, これは方程式の左辺が F の全微分になっているという条件である.

定理 3.14 微分方程式 $P(x,y)dx + Q(x,y)dy = 0$ は

$$P(x,y) = \frac{\partial F}{\partial x}(x,y), \quad Q(x,y) = \frac{\partial F}{\partial y}(x,y)$$

をみたす $F(x,y)$ により完全微分形になるとする. このとき任意の解曲線は $F(x,y)$ のある等高線の中を動く.

証明 解曲線を $y = y(x)$ とすると,

$$\frac{d}{dx}F(x,y(x)) = \frac{\partial F}{\partial x} + \frac{\partial F}{\partial y}\frac{dy}{dx} = P(x,y) + Q(x,y)\left(-\frac{P(x,y)}{Q(x,y)}\right) = 0$$

となるので, 軌道に沿って $F(x,y(x))$ の値は一定である. ∎

この定理により, 微分方程式が完全微分形であれば, 関数 $F(x,y)$ を見つけることによって, 円の場合の議論と同様に解曲線がどこを通るのか知ることができる. すなわち, 軌道の初期値 (x_0, y_0) に対し $F(x_0, y_0) = C$ とおくと, 軌道は集合

$$L = \{(x,y) \mid F(x,y) = C\}$$

の外に出ることができない. F の連続性から L は閉集合である. また多様体論の基本的な議論により, 値 C が写像 F の非特異値[4] である場合には L は相空間の 1 次元部分多様体になる. このとき, L は位相的には $\mathbb{R}$ もしくは円周 S^1 の互いに交わらない和となることがわかる. 軌道は連結なので, 初期値 (x_0, y_0) を含む L の連結成分の外に出ることはない. これにより軌道の様子がほぼ完全に特定できる.

では, 与えられた方程式 $P(x,y)dx + Q(x,y)dy = 0$ が完全微分形であることはどのように判定できるであろうか. また $F(x,y)$ はどのように見つければ

---

[4] 点 (x,y) が F の特異点であるとは, $\frac{\partial F}{\partial x}(x,y) = \frac{\partial F}{\partial y}(x,y) = 0$ となることである. いまの場合は $P(x,y) = Q(x,y) = 0$ と同値である. 集合 $F^{-1}(C)$ が F の特異点を含まないとき, C は非特異値であるという.

よいのだろうか. 実は, 微分積分学で習うグリーンの定理を用いると, これらの問題に次のように答えることができる.

定理 3.15 $P(x, y), Q(x, y)$ を滑らかな関数とするとき, 方程式 $P(x, y)dx + Q(x, y)dy = 0$ が完全微分形であるための必要十分条件は,

$$\frac{\partial P}{\partial y}(x, y) = \frac{\partial Q}{\partial x}(x, y)$$

となることである. またこのとき, 関数 $F(x, y)$ で

$$P(x, y) = \frac{\partial F}{\partial x}(x, y), \quad Q(x, y) = \frac{\partial F}{\partial y}(x, y)$$

をみたすものが以下のように定まる. まず平面上の点 (x_0, y_0) を一つ選んで固定する. 点 (x, y) での $F(x, y)$ の値は, (x_0, y_0) と (x, y) を結ぶ曲線 C を何でもいいから選び,

$$F(x, y) = \int_C (P(x, y)dx + Q(x, y)dy)$$

として定めればよい.

証明   方程式 $P(x, y)dx + Q(x, y)dy = 0$ が完全微分形であるとする. このとき

$$\frac{\partial P}{\partial y}(x, y) = \frac{\partial}{\partial y}\frac{\partial F}{\partial x}(x, y) = \frac{\partial}{\partial x}\frac{\partial F}{\partial y}(x, y) = \frac{\partial Q}{\partial x}(x, y)$$

が成立する (偏微分の順序が交換できることは F が滑らかであることより).

逆に, $\dfrac{\partial P}{\partial y}(x, y) = \dfrac{\partial Q}{\partial x}(x, y)$ が成立しているとする. 定理の主張のように $F(x, y)$ を定めると, 関数 $F(x, y)$ は曲線 C の選びかたによらずに決まる. 実際, (x_0, y_0) と (x, y) を結ぶ二つの曲線を C_1, C_2 とする. (x_0, y_0) を出発して C_1 をたどって (x, y) まで行き, C_2 を逆向きにたどって (x_0, y_0) に戻る閉曲線を D とすると, グリーンの定理 ([10], 問 3.12) より,

$$\int_D (P\,dx + Q\,dy) = \iint_\Omega \left\{ \frac{\partial Q}{\partial x} - \frac{\partial P}{\partial y} \right\} dxdy = 0$$

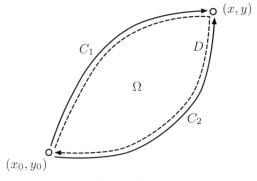

図 3.9 積分路

となる．ただし，ここで Ω は曲線 D により囲まれた領域である（図3.9）．よって，

$$\int_D (P\,dx + Q\,dy) = \int_{C_1} (P\,dx + Q\,dy) - \int_{C_2} (P\,dx + Q\,dy) = 0$$

が従う．任意にとった C_1 と C_2 に沿う線積分が等しいので，関数 $F(x,y)$ は曲線 C の選びかたによらずに決まることがわかった．また，基点 (x_0,y_0) を取り替えても $F(x,y)$ は定数ぶんしか変化しないことに注意する．次に

$$P(x,y) = \frac{\partial F}{\partial x}(x,y), \quad Q(x,y) = \frac{\partial F}{\partial y}(x,y)$$

が成立することを，$F(x,y)$ を全微分することにより示す．まず点 (x,y) と $(x+h,y)$ を考える．C を基点 (x_0,y_0) と (x,y) を結ぶ曲線，E を x 軸に沿って (x,y) と $(x+h,y)$ を結ぶ線分とする．$t \in [0,1]$ に対し E 上の点を $(x,y) = (\phi(t), \psi(t)) = (x+ht, y)$ と書いておく．C と E をつないだ曲線を $C+E$ と書くと，

$$\begin{aligned}
F(x+h,y) - F(x,y) &= \int_{C+E} (P\,dx + Q\,dy) - \int_C (P\,dx + Q\,dy) \\
&= \int_E (P\,dx + Q\,dy) \\
&= \int_0^1 \left\{ P(\phi(t),\psi(t))\frac{d\phi}{dt}dt + Q(\phi(t),\psi(t))\frac{d\psi}{dt}dt \right\} \\
&= \int_0^1 P(x+ht,y) \cdot h\,dt
\end{aligned}$$

が成立する. よって

$$\frac{\partial F}{\partial x}(x,y) = \lim_{h \to 0} \frac{1}{h}(F(x+h,y) - F(x,y))$$

$$= \lim_{h \to 0} \int_0^1 P(x+ht,y)\,dt = P(x,y)$$

が成立する. 最後の等式を示すには平均値の定理を用いればよい. $\frac{\partial F}{\partial y}(x,y)$ についても同様である. ∎

◆**例 3.16**　変数分離形の方程式

$$\frac{dx}{dt} = f(x)g(t)$$

は, 実は完全微分形である. 方程式を書き直すと,

$$\frac{1}{f(x)}dx - g(t)dt = 0$$

となり,

$$\frac{\partial}{\partial t}\frac{1}{f(x)} = \frac{\partial}{\partial x}g(t) = 0$$

なので定理 3.15 の条件をみたす.

◆**例 3.17**　方程式

$$(x^2 + 2xy + y)dx + (x^2 + x)dy = 0$$

を考えよう.

$$\frac{\partial}{\partial y}(x^2 + 2xy + y) = 2x + 1 = \frac{\partial}{\partial x}(x^2 + x)$$

より, 定理 3.15 の条件はみたされており, これは完全微分形の方程式である. 定理に従って関数 $F(x,y)$ を求めよう. 積分路の基点を $(x_0, y_0) = (0,0)$ として, 点 $(0,0)$ から y 軸に沿って $(0,y)$ まで行き, そこから x 軸に平行に (x,y) まで行く折れ線を C とすると (図 3.10),

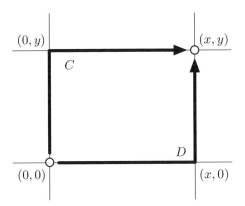

図 3.10 積分路

$$F(x,y) = \int_C \left\{ (x^2 + 2xy + y)dx + (x^2 + x)dy \right\}$$
$$= \int_{(x,y)=(0,y)}^{(x,y)} (x^2 + 2xy + y)dx + \int_{(x,y)=(0,0)}^{(0,y)} (x^2 + x)dy$$
$$= \int_0^x (x^2 + 2xy + y)dx + \int_0^y (0^2 + 0)dy$$
$$= \frac{x^3}{3} + x^2 y + xy$$

となる．違う積分路をとっても同じ関数が得られることを確認しよう．点 $(0,0)$ から x 軸に沿って $(x,0)$ まで行き，そこから y 軸に平行に (x,y) まで行く折れ線を D とすると，

$$F(x,y) = \int_D \left\{ (x^2 + 2xy + y)dx + (x^2 + x)dy \right\}$$
$$= \int_{(x,y)=(0,0)}^{(x,0)} (x^2 + 2xy + y)dx + \int_{(x,y)=(x,0)}^{(x,y)} (x^2 + x)dy$$
$$= \int_0^x x^2 dx + \int_0^y (x^2 + x)dy$$
$$= \frac{x^3}{3} + x^2 y + xy$$

となって確かに同じ関数が得られている．この $F(x,y)$ は

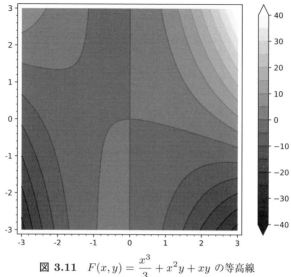

図 3.11 $F(x, y) = \dfrac{x^3}{3} + x^2 y + xy$ の等高線

$$\frac{\partial}{\partial x}\left(\frac{x^3}{3} + x^2 y + xy\right) = x^2 + 2xy + y = P(x, y),$$

$$\frac{\partial}{\partial y}\left(\frac{x^3}{3} + x^2 y + xy\right) = x^2 + x = Q(x, y)$$

をみたすので，定理 3.14 が主張するように，軌道は関数 $F(x, y)$ の等高線に
のっている．

　写像 $F(x, y)$ の特異点を求めると，$x^2 + xy + y = 0$ かつ $x^2 + x = 0$ より
$(x, y) = (0, 0)$ のみであり，その特異値は $F(0, 0) = 0$ である．等高線は図 3.11
のようになっている．F の値が大きい領域ほど明るい色で表現されている．

3.6　積分因子

　完全微分形ではない方程式でも，簡単な操作で完全微分形に帰着させられる
場合がある．例えば

$$-y dx + x dy = 0 \tag{3.18}$$

を考えよう．

$$\frac{\partial}{\partial y}(-y) = -1 \neq 1 = \frac{\partial}{\partial x}(x)$$

なので定理 3.15 によればこれは完全微分形ではない. ところが, この方程式に $1/x^2$ を掛けた

$$-\frac{y}{x^2}dx + \frac{1}{x}dy = 0$$

を考えると, 今度は

$$\frac{\partial}{\partial y}\left(-\frac{y}{x^2}\right) = -\frac{1}{x^2} = \frac{\partial}{\partial x}\left(\frac{1}{x}\right)$$

となって完全微分形である. 実際 $F(x,y) = y/x$ とおくと

$$\frac{\partial}{\partial x}F(x,y) = -\frac{y}{x^2}, \quad \frac{\partial}{\partial y}F(x,y) = \frac{1}{x}$$

となっているので, 解は $y/x = C$ （定数）という曲線の上を動く.

このように完全微分形でない方程式

$$P(x,y)dx + Q(x,y)dy = 0 \tag{3.19}$$

に関数 $\lambda(x,y)$ を掛けて

$$\lambda(x,y)P(x,y)dx + \lambda(x,y)Q(x,y)dy = 0 \tag{3.20}$$

が完全微分形になるとき, $\lambda(x,y)$ を方程式 (3.19) の **積分因子** という.

では, どのようにして積分因子を見つければよいのであろうか. 方程式 (3.20) が完全微分形になる条件は定理 3.15 より

$$\frac{\partial}{\partial y}\{\lambda(x,y)P(x,y)\} = \frac{\partial}{\partial x}\{\lambda(x,y)Q(x,y)\}$$

である. よって $\lambda(x,y)$ は

$$\frac{\partial \lambda}{\partial y}P + \lambda\frac{\partial P}{\partial y} = \frac{\partial \lambda}{\partial x}Q + \lambda\frac{\partial Q}{\partial x} \tag{3.21}$$

をみたすとき積分因子となる.

方程式 (3.21) をみたす $\lambda(x,y)$ を見つけるのは, (3.21) を $\lambda(x,y)$ に関する偏微分方程式として解くことにあたり, 一般に簡単ではない. しかし, $\dfrac{1}{Q}\left(\dfrac{\partial P}{\partial y} - \dfrac{\partial Q}{\partial x}\right)$

が y によらず x のみの関数となるときには, x のみの関数 $\lambda(x)$ で (3.21) をみたすものを以下のように構成することができる. まず λ が y によらないので $\dfrac{\partial \lambda}{\partial y} = 0$ を方程式 (3.21) に代入すると

$$\lambda \frac{\partial P}{\partial y} = \frac{d\lambda}{dx} Q + \lambda \frac{\partial Q}{\partial x}$$

となり, 両辺を λQ で割って整理すると

$$\frac{1}{\lambda} \frac{d\lambda}{dx} = \frac{1}{Q} \left(\frac{\partial P}{\partial y} - \frac{\partial Q}{\partial x} \right) \tag{3.22}$$

となる. (3.22) の右辺は λ が出てこないので, 与えられた微分方程式 (3.19) のみから計算できる. 仮定より (3.22) の右辺は x のみの関数なので, これを $R(x)$ とおいて (3.22) の両辺を x で積分することで

$$\log |\lambda(x)| = \int R(x) dx$$

となり,

$$\lambda(x) = \exp \int R(x) dx$$

と $\lambda(x)$ を求めることができる. 上の議論を逆にたどると, これが積分因子になっていることがわかる.

　実際, 方程式 (3.18) の場合には (3.22) は

$$\frac{1}{\lambda} \frac{d\lambda}{dx} = \frac{1}{x}(-1 - 1) = -\frac{2}{x}$$

となるので, $\log |\lambda(x)| = -2 \log |x|$ となるから, 確かに $\lambda(x) = 1/x^2$ が積分因子になっている.

◆**例 3.18**　方程式

$$2\sin(y^2) dx + xy \cos(y^2) dy = 0$$

を考えよう. これは

$$\frac{\partial P}{\partial y} = 4y \cos(y^2) \neq y \cos(y^2) = \frac{\partial Q}{\partial x}$$

なので完全微分形ではない．そこで (3.22) を計算すると，右辺は

$$\frac{1}{Q}\left(\frac{\partial P}{\partial y} - \frac{\partial Q}{\partial x}\right) = \frac{4y\cos(y^2) - y\cos(y^2)}{xy\cos(y^2)} = \frac{3}{x}$$

となって，これは x だけの関数である．そこで (3.22) の両辺を x により積分すると，

$$\log|\lambda(x)| = 3\log|x|$$

となるので，$\lambda(x) = x^3$ とおけば積分因子になっているはずである．

実際，$\lambda(x) = x^3$ を掛けた方程式

$$2x^3\sin(y^2)dx + x^4 y\cos(y^2)dy = 0$$

は

$$\frac{\partial}{\partial y}(2x^3\sin(y^2)) = 4x^3 y\cos(y^2) = \frac{\partial}{\partial x}(x^4 y\cos(y^2))$$

となるので完全微分形である．

この新しい方程式の解曲線を求めよう．以前と同様に点 $(0,0)$ から y 軸に沿って $(0,y)$ まで行き，そこから x 軸に平行に (x,y) まで行く折れ線を C と

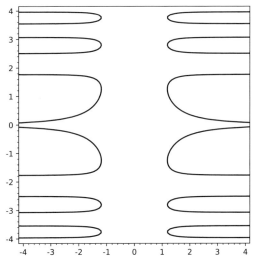

図 3.12 等高線 $x^4\sin(y^2)/2 = 1$

して

$$F(x,y) = \int_C \left\{ 2x^3 \sin(y^2)dx + 2x^4 y \sin(y^2)dy \right\}$$

$$= \int_{(x,y)=(0,y)}^{(x,y)} 2x^3 \sin(y^2)dx + \int_{(x,y)=(0,0)}^{(0,y)} 2x^4 y \sin(y^2)dy$$

$$= 2\sin(y^2) \int_0^x x^3 dx + 0$$

$$= \frac{1}{2} x^4 \sin(y^2)$$

と定義すると，解は $F(x,y)$ の等高線 $x^4 \sin(y^2)/2 = C$ （定数）の中を動く．
図 3.12 は特に $C = 1$ と選んだ場合の等高線を図示したものである．

3.7　単独 1 階線形方程式

1 階の正規形線形常微分方程式

$$\dot{x}(t) = a(t)\,x(t) + f(t) \tag{3.23}$$

は応用面でもよく登場する方程式である．この方程式には以下のように解法が
あるのでしっかり押さえておきたい．

　本節で考えるのは，単独の方程式，すなわち $x(t) \in \mathbb{R}$ という 1 次元の方程
式である．この場合，$a(t), f(t)$ は共に実数値関数である．なお，線形方程式に
ついては高次元の場合も含めて次章で詳しく取り扱うが，1 次元の場合はより
基本的なのでここで扱うことにする．

　方程式 (3.23) において $f(t)$ が関数として 0（すなわちすべての t で $f(t) = 0$）
であるとき，方程式は**同次**であるといい，そうでないとき**非同次**であるという[5]．
これは線形代数でいうところの線形関数 $y = ax$ とアフィン関数 $y = ax + b$ の
違いに対応する区別である．

　同次の場合，方程式

$$\dot{x}(t) = a(t)\,x(t) \tag{3.24}$$

---

[5] 3.4 節で扱った「同次系」と混同しないように．

は変数分離することができて,

$$\int \frac{dx}{x} = \int a(t)dt$$

となる.左辺は $\log|x| + C$ なので,両辺の指数関数をとり,定数を $c = e^{-C}$ とおきなおすと,解 $x(t)$ は

$$x(t) = c \exp\left(\int a(t)dt\right) \tag{3.25}$$

と書くことができる.初期値を $x(t_0) = c$ とする特殊解を考えると,上式の定数は $c = x_0$ となり,

$$x(t) = x_0 \exp\left(\int_{t_0}^{t} a(\tau)d\tau\right) \tag{3.26}$$

と定積分で書くこともできる.

いっぽう,同次の場合とは逆に $a(t)$ のほうが 0 のとき,すなわち

$$\dot{x}(t) = f(t) \tag{3.27}$$

のときは 3.1 節の方法により,積分で

$$x(t) = x_0 + \int_{t_0}^{t} f(\tau)\,d\tau$$

と解を構成できる.

残念ながら一般の (3.23) には上記の 2 種類の解法は使えない.しかし,二つの解法をうまく組み合わせると,以下のような解法が構成できる.基本的なアイディアは,同次方程式の解 (3.26) を用いて新しい座標を作るというものである.その新しい座標では方程式から $a(t)x(t)$ の項が消えて,(3.27) と同様に積分で解ける形になるのである.

まず,同次方程式 (3.24) を考え,その解 (3.26) を構成する.式 (3.26) の右辺で定数 x_0 を関数 $c(t)$ におきかえて

$$c(t) \exp\left(\int_{t_0}^{t} a(t)dt\right) \tag{3.28}$$

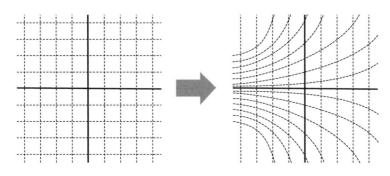

図 3.13 座標の取り替え

とする. この形の関数で (3.23) の解がないかを考えよう. これは, (t, x) 平面における座標を, 同次方程式の解を利用して (t, x) から

$$\left(t, \exp\left(\int_{t_0}^{t} a(t)dt\right)\right)$$

に変換したことにあたる (図 3.13). もし $x(t)$ が (3.28) の形をしているとすると, 点 $(t, x(t))$ の新しい座標が $(t, c(t))$ となるわけである.

では (3.28) が方程式 (3.23) の解となるための条件を求めよう. 式 (3.28) を (3.23) に代入すると, 左辺は

$$\frac{d}{dt}\left(c(t)\exp\left(\int_{t_0}^{t} a(t)dt\right)\right)$$
$$= \frac{dc}{dt}\exp\left(\int_{t_0}^{t} a(t)dt\right) + c(t)\frac{d}{dt}\exp\left(\int_{t_0}^{t} a(t)dt\right)$$
$$= \frac{dc}{dt}\exp\left(\int_{t_0}^{t} a(t)dt\right) + c(t)a(t)\exp\left(\int_{t_0}^{t} a(t)dt\right)$$

となる. 右辺は

$$a(t)c(t)\exp\left(\int_{t_0}^{t} a(t)dt\right) + f(t)$$

となるので, 両辺でキャンセルする項を除くと

$$\frac{dc}{dt}\exp\left(\int_{t_0}^{t} a(t)dt\right) = f(t)$$

という方程式が得られた. この方程式は

$$\frac{dc}{dt} = f(t) \exp\left(-\int_{t_0}^{t} a(t)dt\right)$$

と変形できる. (3.27) と同じく, 積分で解ける形になったことに注意しよう. これを t_0 から t まで積分して, 初期条件

$$x(t_0) = c(t_0) \exp\left(\int_{t_0}^{t_0} a(t)dt\right) = c(t_0)$$

より得られる初期条件 $c(t_0) = x_0$ を代入してやると,

$$c(t) = x_0 + \int_{t_0}^{t} f(t) \exp\left(-\int_{t_0}^{t} a(t)dt\right)dt \tag{3.29}$$

と $c(t)$ を求めることができた. 上の計算を逆にたどると, $c(t)$ を (3.28) に代入したものが非同次方程式 (3.23) の解となっていることがわかる.

定理 3.19 単独 1 階線形常微分方程式

$$\dot{x}(t) = a(t)x(t) + f(t)$$

の初期値 $x(t_0) = x_0$ をみたす解は

$$x(t) = \left(x_0 + \int_{t_0}^{t} f(t)e^{-\xi(t)}dt\right)e^{\xi(t)}$$

で与えられる. ただし, ここで $\xi(t) = \int_{t_0}^{t} a(t)dt$ である.

もともと定数だった C を時間の関数 $c(t)$ におきかえることで解を見つけているので, この解法を **定数変化法** と呼ぶ.

なお, 定積分ではなく不定積分を用いても同様の議論はでき, その場合は

$$x(t) = \left(\int f(t)e^{-\int a(t)dt}dt\right)e^{\int a(t)dt}$$

とおいて, 初期条件により積分定数を定めればよい.

◆例 3.20　方程式

$$\frac{dx}{dt} = -x + t^3$$

を考える．定理の解に直接代入するのではなく，定理を導いた構成を再現してみよう．まず t^3 の項を落として得られる同次方程式

$$\frac{dx}{dt} = -x$$

の解は $x(t) = Ce^{-t}$ なので，非同次方程式の解を $x(t) = c(t)e^{-t}$ という形で探す．先の議論で得られた (3.29) と同様の計算を不定積分で行なうと，

$$
\begin{aligned}
c(t) &= \int t^3 e^t dt = \int t^3 \left(\frac{d}{dt}e^t\right) dt \\
&= t^3 e^t - \int 3t^2 e^t dt = t^3 e^t - \int 3t^2 \left(\frac{d}{dt}e^t\right) dt \\
&= t^3 e^t - 3t^2 e^t + \int 6t e^t dt = t^3 e^t - 3t^2 e^t + \int 6t \left(\frac{d}{dt}e^t\right) dt \\
&= (t^3 - 3t^2 + 6t - 6)e^t + C
\end{aligned}
$$

となる（積分定数は C とした）．よって解は

$$x(t) = t^3 - 3t^2 + 6t - 6 + Ce^{-t}$$

である．実際，

$$\dot{x}(t) = 3t^2 - 6t + 6 - Ce^{-t} = -(t^3 - 3t^2 + 6t - 6 + Ce^{-t}) + t^3$$

で解となっていることが確かめられる．

　このように，1 階の正規形線形微分方程式は同次の場合も非同次の場合も積分によって解くことができるが，積分した結果が初等関数として表示できるとは限らない．例 3.20 ではたまたま $t^3 e^t$ という積分できる関数が出てきたが，積分が実行できない関数が出てくることも多い．

　非線形な方程式にはこのような一般的な解法は存在しない．しかし，非線形ではあるが，簡単な変換で線形に帰着できる貴重な例がある．それは**ベルヌーイ型**

の微分方程式

$$\dot{x}(t) = a(t)x(t) + b(t)(x(t))^m \tag{3.30}$$

である．ここで m は非線形項の次数を表す実数であり，$m = 0, 1$ のとき，方程式は線形になる．それ以外のとき，この方程式は

$$y(t) = (x(t))^{1-m}$$

と変換することで線形方程式に帰着できる．もとの方程式 (3.30) の両辺を $x(t)^m$ で割ると

$$\frac{\dot{x}(t)}{(x(t))^m} = \frac{a(t)}{(x(t))^{m-1}} + b(t) \tag{3.31}$$

となり，これを y の微分

$$\dot{y}(t) = (1-m)(x(t))^{-m}\,\dot{x}(t)$$

に代入して整理すると，

$$\dot{y}(t) = (1-m)\{a(t)y(t) + b(t)\}$$

という線形の方程式が得られた．この方程式は変数分離法や定数変化法により解けることが既にわかっている．得られた $y(t)$ より $x(t)$ を求めれば (3.30) の解が作れる．

◈例 3.21　微分方程式

$$\dot{x} = -x^2 + tx \tag{3.32}$$

を考えよう．これはベルヌーイ型で $m = 2$, $a(t) = t$, $b(t) = -1$ の場合である．上の手法に従うと，$y = 1/x$ に関する方程式

$$\dot{y} = -ty + 1 \tag{3.33}$$

に帰着されるはずである．実際，(3.32) の両辺を x^2 で割ると，

$$\frac{\dot{x}}{x^2} = -1 + \frac{t}{x}$$

となっており，$y = 1/x$ により確かに (3.33) に変換される．(3.33) の解を定数変化法で求めてみよう．まずは定数項を取りさった同次形方程式

$$\frac{dy}{dt} = -ty \tag{3.34}$$

を考える．変数分離法により

$$\int \frac{dy}{y} = -\int t dt \tag{3.35}$$

が得られ，ここから $y(t) = Ce^{-t^2/2}$ という同次方程式の解を構成する．定数変化法により $y(t) = c(t)e^{-t^2/2}$ とおき，(3.29) を用いてこの $c(t)$ を計算すると，

$$y(t) = e^{-t^2/2} \left(\int e^{t^2/2} dt \right)$$

という (3.33) の解が得られた．この逆数をとることにより，もとの方程式の解は

$$x(t) = \frac{e^{t^2/2}}{\int e^{t^2/2} dt}$$

となる[6].

---

[6] $y(t)$ の式に残った不定積分は初等関数にならない．虚数誤差関数という関数で表現することはできるが，その関数も積分によって定義される「特殊関数」であり，積分が外せるわけではない．

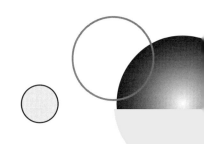

第4章

線形常微分方程式

　この章では線形の常微分方程式を統一的に扱う手法について学ぶ。2.1.6 項でみたように，正規形の高階の方程式は未知関数を増やすことで 1 階の方程式に帰着できるので，ここでは

$$\frac{dx}{dt} = A(t)x(t) + f(t) \qquad (4.1)$$

という形の 1 階の線形方程式について考える。ここで，$x(t) \in \mathbb{R}^n$ であり，$A(t)$ は n 次の実正方行列である。議論を簡単にするため，$A(t)$ や $f(t)$ はすべての $t \in \mathbb{R}$ に対して定義され，t に関して微分できるものとする。

　方程式 (4.1) において $f(t)$ が t によらず 0 のとき，方程式は同次であるといい，そうでないとき非同次であるという。また，$A(t)$ が t によらない定数行列であるとき，(4.1) を **定数係数** 線形常微分方程式という。定数係数でない場合を **変数係数** という。3.7 節で調べた単独の線形方程式は変数係数でも解を積分で表示できたが，本章で扱う一般次元の方程式は，変数係数だといろいろと取り扱いが難しい。そこで本章では，まず定数係数の同次方程式の解法から述べることにする。変数係数の場合は 4.4 節で扱う。

4.1　定数係数線形同次方程式：対角化できる場合

　この節で考えるのは定数係数の線形同次方程式

$$\frac{dx}{dt} = A\,x(t)$$

である．ここで行列 A は n 次正方実行列である．方程式を成分で書けば

$$
\begin{pmatrix} \dot{x}_1 \\ \dot{x}_2 \\ \vdots \\ \dot{x}_n \end{pmatrix} = \begin{pmatrix} a_{11} & a_{12} & \cdots & a_{1n} \\ a_{21} & a_{22} & \cdots & a_{2n} \\ \vdots & \vdots & \ddots & \vdots \\ a_{n1} & a_{n2} & \cdots & a_{nn} \end{pmatrix} \begin{pmatrix} x_1 \\ x_2 \\ \vdots \\ x_n \end{pmatrix}
$$

となる．たくさん成分が出てきて難しそうに見えるが，実は定数係数の線形方程式を解くのは 1 変数の $\dot{x} = ax$ （もちろん解は指数関数である）を解くのと本質的には変わらない．行列 A が対角行列である場合を考えればそのことが納得できるであろう．すなわち

$$
\begin{pmatrix} \dot{x}_1 \\ \dot{x}_2 \\ \vdots \\ \dot{x}_n \end{pmatrix} = \begin{pmatrix} a_1 & 0 & \cdots & 0 \\ 0 & a_2 & \cdots & 0 \\ 0 & 0 & \ddots & 0 \\ 0 & 0 & \cdots & a_n \end{pmatrix} \begin{pmatrix} x_1 \\ x_2 \\ \vdots \\ x_n \end{pmatrix} \tag{4.2}
$$

を考える．この場合，方程式の各成分を書き下してみると，n 個の単独方程式

$$
\dot{x}_i = a_i x_i \quad (i = 1, 2, \ldots, n) \tag{4.3}
$$

に分解されている．それぞれの方程式の解は簡単に $x_i(t) = C_i e^{a_i t}$ と求まるので，方程式 (4.2) の解も

$$
\begin{pmatrix} x_1 \\ x_2 \\ \vdots \\ x_n \end{pmatrix} = \begin{pmatrix} C_1 e^{a_1 t} \\ C_2 e^{a_2 t} \\ \vdots \\ C_n e^{a_n t} \end{pmatrix}
$$

と求まった．

　この場合になぜうまく解が求まったかを振り返ってみると，ポイントは各 x_i のみたすべき方程式に他の変数 x_j $(i \neq j)$ が現れず，x_i 自身のみの方程式 (4.3) として書けていることであった．x_i の変化率に他の x_j が影響しないので，それぞれの変数の時間発展を独立に考えることができるのである．

では A が対角行列ではない一般の場合にはこのように簡単に解くことはできないのであろうか．ここで，線形代数で勉強したことを思い出してみよう．

定義 4.1　行列 A が対角化可能であるとは，正則行列 T が存在して $T^{-1}AT$ が対角行列になることである．

いま，微分方程式 $\dot{x} = Ax$ において行列 A が正則行列 $T = (t_{ij})$ により対角化されるとしよう．対角化された行列 $D = T^{-1}AT$ の対角成分を $a_1, a_2, \ldots, a_n$ とする．このとき，新しい変数 $y = (y_1, y_2, \ldots, y_n)$ を $y = T^{-1}x$ によって定める．この式の両辺に T を左から掛けた $x = Ty$ の両辺を微分すると $\dot{x} = T\dot{y}$ となり，これらをもとの微分方程式に代入すると y のみたす微分方程式 $T\dot{y} = ATy$ が得られる．今度はこの式に左から T^{-1} を掛けると，

$$\dot{y} = T^{-1}ATy$$

となり，$T^{-1}AT = D$ より $\dot{y} = Dy$ となる．D は対角行列なのでこの微分方程式は $y_i(t) = C_i e^{a_i t}$ と簡単に解が求まる．もとの変数 x に戻すには T を掛けてやればよい．最終的に得られる解は

$$\begin{pmatrix} x_1 \\ x_2 \\ \vdots \\ x_n \end{pmatrix} = \begin{pmatrix} t_{11}C_1 e^{a_1 t} + t_{12}C_2 e^{a_2 t} + \cdots + t_{1n}C_n e^{a_n t} \\ t_{21}C_1 e^{a_1 t} + t_{22}C_2 e^{a_2 t} + \cdots + t_{2n}C_n e^{a_n t} \\ \vdots \\ t_{n1}C_1 e^{a_1 t} + t_{n2}C_2 e^{a_2 t} + \cdots + t_{nn}C_n e^{a_n t} \end{pmatrix}$$

となる．

対角化できるといっても，複素数が出てくる場合は注意が必要である．次の例をみてみよう．

◆例 4.2　調和振動子の方程式 $\ddot{x} = -x$ を考える．$x_1 = x$, $x_2 = \dfrac{dx}{dt}$ とおいて 1 階の方程式に変換すると

$$\frac{d}{dt}\begin{pmatrix} x_1 \\ x_2 \end{pmatrix} = \begin{pmatrix} 0 & 1 \\ -1 & 0 \end{pmatrix}\begin{pmatrix} x_1 \\ x_2 \end{pmatrix}$$

となる. 係数行列

$$A = \begin{pmatrix} 0 & 1 \\ -1 & 0 \end{pmatrix}$$

は固有値 $\pm i$ をもち (ここで i は虚数単位, $i^2 = -1$),

$$\begin{pmatrix} -i & 0 \\ 0 & i \end{pmatrix} = \begin{pmatrix} 1 & 1 \\ -i & i \end{pmatrix}^{-1} \begin{pmatrix} 0 & 1 \\ -1 & 0 \end{pmatrix} \begin{pmatrix} 1 & 1 \\ -i & i \end{pmatrix}$$

と対角化される. 対角化された方程式

$$\frac{d}{dt} \begin{pmatrix} y_1 \\ y_2 \end{pmatrix} = \begin{pmatrix} -i & 0 \\ 0 & i \end{pmatrix} \begin{pmatrix} y_1 \\ y_2 \end{pmatrix}$$

より $y_1 = C_1 e^{-it}$, $y_2 = C_2 e^{it}$ と一般解が得られる. 初期値を例えば $t = 0$ で $x_1(0) = 1$, $x_2(0) = 0$ と与えると, y に変換した初期値は $y_1(0) = 1/2$, $y_2(0) = 1/2$ となり, 積分定数が $C_1 = C_2 = 1/2$ と求まる. もとの変数に戻すと

$$\begin{pmatrix} x_1 \\ x_2 \end{pmatrix} = \frac{1}{2} \begin{pmatrix} e^{-it} + e^{it} \\ -ie^{-it} + ie^{it} \end{pmatrix}$$

となって, 一見何だか複雑な関数が得られたように見える. しかし, ここでオイラーの公式

$$e^{it} = \cos t + i \sin t$$

を用いると,

$$\begin{pmatrix} x_1 \\ x_2 \end{pmatrix} = \frac{1}{2} \begin{pmatrix} (\cos(-t) + i\sin(-t)) + (\cos t + i\sin t) \\ -i(\cos(-t) + i\sin(-t)) + i(\cos t + i\sin t) \end{pmatrix} = \begin{pmatrix} \cos t \\ -\sin t \end{pmatrix}$$

となって, 円周上を時計回りに回る軌道にすぎないことがわかる.

　このように, 行列 A が対角化できる場合には定数係数の線形常微分方程式を解くことは本質的に単独の 1 階方程式を解くのと変わらない. 対角化できるという仮定は強いものだが, それでも十分一般的に成立する条件であることに注意しよう.

　たとえば応用面で重要な問題では A が対称行列であることが多く，その場合は次の線形代数の定理が使える．

定理 4.3　実対称行列は直交行列により対角化できる．また実対称行列の固有値は実数である．

　直交行列による座標変換は座標軸の回転にすぎないので，対称行列 A で書かれる微分方程式は，見る角度をうまく選べば，対角行列で書ける簡単な常微分方程式と変わらないのである．

　また，次の定理も強力である．

定理 4.4　n 次正方行列が n 個の異なる固有値をもつならば，その行列は対角化できる．

　行列 A が重複した固有値をもつのは，実は非常に特殊な場合である．固有値を重複してもつためには固有方程式が重根をもつことが必要十分であるが，固有方程式の係数を適当に選んでも，重根をもつことはめったにない．

　例えばおなじみの2次方程式

$$ax^2 + bx + c = 0$$

を考えると，重根をもつのは係数が $b^2 - 4ac = 0$ という方程式をみたすときのみであり，係数を適当に選んで重根をもつ確率は 0 である．すなわち係数 (a, b, c) を $\mathbb{R}^3$ から自由に選ぶとき，重根をもつためには $b^2 - 4ac = 0$ で定義される曲面の上から係数を選ばないといけないが，この曲面は $\mathbb{R}^3$ の中で体積をもたないペラペラの薄い集合なので（図4.1），ぴったりその上から係数を選ぶのはむしろ至難の技なのである．また，もし奇跡的に (a, b, c) が曲面 $b^2 - 4ac = 0$ の上に乗っていたとしても，係数をほんの少しずらすと曲面から離れてしまうこともわかる．

　行列の固有方程式でも状況は同様である．例えば

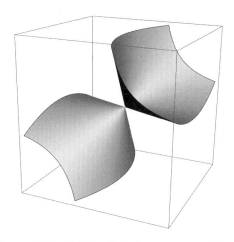

図 4.1　重根に対応する曲面 $b^2 - 4ac = 0$ は体積が 0

$$A = \begin{pmatrix} p & q \\ r & s \end{pmatrix}$$

を考えよう. 重根をもつかどうかは, 行列の全成分に 0 でない定数を掛けても変わらないので, 0 でない成分のどれか, 例えば s を 1 としてしまおう. すると, 行列の固有方程式は

$$\lambda^2 - (p+1)\lambda + p - qr = 0$$

なので, 重複する固有値をもつことと, $(p+1)^2 - 4(p-qr) = 0$ が成り立つことが同値となる. 曲面 $(p+1)^2 - 4(p-qr) = 0$ は図 4.1 と同様に (p,q,r) 空間の中で体積をもたない曲面であり, このことから係数 p, q, r を適当に選んで固有方程式が重根をもつ確率は 0 である. これは一般の n 次行列でも成立する. 適当に作った行列はたいてい n 個の異なる固有値をもち, 対角化できるのである.

4.2　定数係数線形同次方程式：一般の場合

　定数係数の線形方程式で対角化できない場合や変数係数の場合も含めた一般的な解き方を議論するためには, 行列の指数関数という概念を導入するのが便

利である.

まずはいったん 1 変数に戻り,

$$\frac{dx}{dt} = ax$$

という定数係数の線形方程式を考えよう. 初期値 $x(0) = x_0$ をみたす解は既に求めた通り $x(t) = x_0\,e^{at}$ である. このことは

$$\frac{d}{dt}(x_0\,e^{at}) = x_0\,ae^{at} = ax_0\,e^{at} = ax(t)$$

からすぐにわかる. 同じことをベキ級数で考えてみよう. 指数関数のテイラー展開を用いると

$$e^{at} = 1 + at + \frac{(at)^2}{2!} + \frac{(at)^3}{3!} + \cdots \tag{4.4}$$

となり, これを項別に微分すると

$$\begin{aligned}
\frac{d}{dt}e^{at} &= \frac{d}{dt}\left(1 + at + \frac{(at)^2}{2!} + \frac{(at)^3}{3!} + \cdots\right) \\
&= \frac{d}{dt}1 + \frac{d}{dt}at + \frac{d}{dt}\frac{(at)^2}{2!} + \frac{d}{dt}\frac{(at)^3}{3!} + \cdots \\
&= 0 + a + a^2 t + \frac{a^3 t^2}{2!} + \frac{a^4 t^3}{3!} + \cdots \\
&= a\left(1 + at + \frac{a^2 t^2}{2!} + \frac{a^3 t^3}{3!} + \cdots\right) \\
&= a\left(1 + at + \frac{(at)^2}{2!} + \frac{(at)^3}{3!} + \cdots\right) = ae^{at}
\end{aligned}$$

となったのであった. ここで, $\cdots$ を含む無限個の項を足した級数に対して項別に微分をしたりしてよいことは微積の教科書で確認しよう.

この方法は 1 変数の定数係数線形常微分方程式に対しては万能の解法であったので, これを多変数に拡張したい. 考えるのは

$$\frac{dx}{dt} = Ax \tag{4.5}$$

という定数係数の線形方程式である. ここで $x \in \mathbb{R}^n$, A は n 次正方行列である. もし $n = 1$ であれば A は単なる実数であり, 先ほどの場合と同じことになる.

目標は，1 変数のときの e^{at} と同じ働きをするように，行列 At の「指数関数」$\exp(At)$ を一般の $n \geq 2$ に対して定義して，それが方程式 (4.5) をみたすようにすることである．ここで At は行列 A の実数 t 倍なので，A と同じく n 次正方行列である．もし定義がうまくいったとすると，$\exp(At)$ がみたすべき方程式は

$$\frac{d}{dt}\exp(At) = A\exp(At)$$

である．右辺は行列 A と $\exp(Ax)$ の掛け算になっている．このような掛け算が成立するためには，$\exp(Ax)$ も n 次正方行列であってほしい．

行列の指数関数を定義するためにヒントとなるのは，普通の実数に対する指数関数 $e^{at} = \exp(at)$ のテイラー展開 (4.4) である．この式において形式的に a を行列 A でおきかえると，

$$e^{At} = 1 + At + \frac{(At)^2}{2!} + \frac{(At)^3}{3!} + \cdots \tag{4.6}$$

という式が得られる．この表現は正しく n 次正方行列を定めているであろうか．At やそのベキ乗 $(At)^k$ は n 次正方行列であり，1 もまた n 次の単位行列とすれば，(4.6) を ℓ 乗までで打ち切った

$$1 + At + \frac{(At)^2}{2!} + \frac{(At)^3}{3!} + \cdots + \frac{(At)^\ell}{\ell!} = \sum_{k=0}^{\ell} \frac{(At)^k}{k!}$$

は n 次正方行列として定まることがわかる．問題は $n \to \infty$ としたときに，この行列が収束するかどうかである．

定理 4.5　正方行列 M に対して

$$K_\ell = 1 + M + \frac{M^2}{2!} + \frac{M^3}{3!} + \cdots + \frac{M^\ell}{\ell!} = \sum_{k=0}^{\ell} \frac{M^k}{k!}$$

とおくと，$\displaystyle\lim_{\ell \to \infty} K_\ell$ が存在する．その極限を $e^M = \exp(M)$ と書く．

証明　n 次正方行列 M の (i,j) 成分を m_{ij} とし，$|m_{ij}|$ の最大値を m とおく．このとき M^k の成分の絶対値は $n^{k-1}m^k$ 以下であることを帰納的に示そ

う．まず $k = 1$ に対しては示すべき不等式は m の定義より明らか．自然数 k に対して命題が示されているとする．行列 M^k の (i, j) 成分を μ_{ij} とすると，$M^{k+1} = M \cdot M^k$ より M^{k+1} の (i, j) 成分の絶対値は

$$|m_{i1}\mu_{1j} + m_{i2}\mu_{2j} + \cdots + m_{in}\mu_{nj}| \leq |m_{i1}\mu_{1j}| + |m_{i2}\mu_{2j}| + \cdots + |m_{in}\mu_{nj}|$$
$$\leq m|\mu_{1j}| + m|\mu_{2j}| + \cdots + m|\mu_{nj}|$$
$$\leq n \cdot m \cdot (n^{k-1}m^k) = n^k m^{k+1}$$

をみたし，よって $k + 1$ でも命題は成立する．

あとは実数値関数としての exp の収束と同じ議論で証明が完成する． ■

この定理を行列 $M = At$ に対して用いることにより，欲しかった行列 e^{At} が存在することがわかった．

定理 4.6　正方行列 A に対して

$$\frac{d}{dt} \exp(At) = A \exp(At)$$

が成り立つ．ただし，行列に対する微分 $\dfrac{d}{dt}$ の作用は要素ごとの微分とする．

証明　項別微分ができることを認めれば，証明は実数値関数の場合と全く同様である． ■

定理 4.7　定数係数線形常微分方程式 $\dfrac{dx}{dt} = Ax$ の初期値 $x(0) = x_0 \in \mathbb{R}^n$ をみたす解は

$$x(t) = \exp(At)x_0$$

である．

証明　$\exp(0)$ は定義より単位行列なので，$x(0) = x_0$ はみたされている．また定理 4.6 により

$$\frac{d}{dt}(\exp(At)x_0) = A \exp(At)x_0 = Ax(t)$$

なので，確かに解となっている．　　　　　　　　　　　　　　　　■

　このように，行列の指数関数を使うとあたかも 1 変数の微分方程式のように線形の連立微分方程式の解を作れることがわかった．では，行列の指数関数は具体的にどのように計算したらよいのであろうか．実は対角化やジョルダン標準形といった線形代数で習った多くの概念は，まさにこの問題を解くために役に立つのである．

　まずは行列の指数関数の基本的な性質からみていこう．

| 命題 4.8 | 行列 A と B が可換である，すなわち $AB = BA$ となるとき，

$$\exp(A + B) = \exp(A)\exp(B) = \exp(B)\exp(A)$$

が成立する．

証明　まず A と B が可換であることから，

$$(A + B)^2 = AA + AB + BA + BB = A^2 + 2AB + B^2$$

となる．もし A と B が可換でないとすると AB と BA の二つの項をまとめられないことに注意しよう．同様の議論により，二項定理が一般に使えて

$$(A + B)^k = \sum_{j=0}^{k} {}_kC_j A^j B^{k-j}$$

が成立する．ここで ${}_kC_j = \dfrac{k!}{j!(k-j)!}$ である．よって，示すべき等式 $\exp(A + B) = \exp(A)\exp(B)$ は

$$\sum_{k=0}^{\infty} \frac{1}{k!}\left(\sum_{j=0}^{k} {}_kC_j A^j B^{k-j}\right) = \left(\sum_{k=0}^{\infty} \frac{A^k}{k!}\right)\left(\sum_{k=0}^{\infty} \frac{B^k}{k!}\right)$$

となる．これさえ示せば $A + B = B + A$ より $\exp(A + B) = \exp(B)\exp(A)$ も従う．

さて，この等式を示すために部分和

$$\alpha_m = \left(\sum_{p=0}^{m} \frac{A^p}{p!} \right), \quad \beta_m = \left(\sum_{q=0}^{m} \frac{B^q}{q!} \right),$$

$$\gamma_{2m} = \sum_{k=0}^{2m} \frac{1}{k!} \left(\sum_{j=0}^{k} {}_kC_j A^j B^{k-j} \right) = \sum_{k=0}^{2m} \left(\sum_{j=0}^{k} \frac{A^j}{j!} \frac{B^{k-j}}{(k-j)!} \right)$$

を考えよう．まず $\alpha_m \beta_m$ という積を考えると，これは $\dfrac{A^p}{p!} \dfrac{B^q}{q!}$ という形の項の和であるが，添字の p, q は $0 \leq p \leq m$, $0 \leq q \leq m$ という面積 m^2 の正方形領域を動く．いっぽう，γ_{2m} も同様の形の項の和である．こちらの添字は $p = j$, $q = k - j$ なので，その動く範囲は直線 $p + q = k$ を $k = 0$ から $k = 2m$ まで動かした，直角三角形の領域である．このことから，$\gamma_{2m} - \alpha_m \beta_m$ という差を考えると，そこに現れるのは直角三角形から正方形を除いた，二つの三角形領域 T_1, T_2 に対応する項の和である（図 4.2）．よって

$$|\gamma_{2m} - \alpha_m \beta_m| \leq \sum_{p,q \in T_1} \left| \frac{A^p}{p!} \right| \left| \frac{B^q}{q!} \right| + \sum_{p,q \in T_2} \left| \frac{A^p}{p!} \right| \left| \frac{B^q}{q!} \right|$$

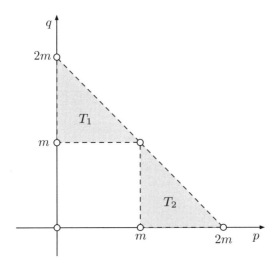

図 4.2 添字の動く領域

が成り立つ. $m \to \infty$ のとき, 右辺が 0 に収束することをみよう. まず T_1 に関する和については,

$$\sum_{p,q \in T_1} \left| \frac{A^p}{p!} \right| \left| \frac{B^q}{q!} \right| \leq \left(\sum_{p=0}^{m} \left| \frac{A^p}{p!} \right| \right) \left(\sum_{q=m+1}^{2m} \left| \frac{B^q}{q!} \right| \right)$$

となる. 右辺の積の第一項は有限な値に収束, 第二項は 0 に収束するので, 全体として値は 0 に収束. 同様に T_2 に関する和も 0 に収束するので, 結局 $m \to \infty$ のとき $|\gamma_{2m} - \alpha_m \beta_m| \to 0$ がわかった. これで命題は証明された. ■

通常の実数に対する指数関数は, 任意の実数 x に対して $e^x \neq 0$ であり $1/e^x = e^{-x}$ をみたすが, 行列に対しても同様の性質が成立する.

> **系 4.9**　任意の行列 A に対して $\exp(A)$ は正則であり, $\exp(A)^{-1} = \exp(-A)$.

証明　行列 A と $-A$ は可換なので, 命題 4.8 を $B = -A$ に対して用いると,

$$\exp(A + (-A)) = \exp(0) = I = \exp(A)\exp(-A)$$

が成立する. ここで 0 と I はゼロ行列と単位行列である. ■

> **定理 4.10**　行列 A がブロック対角である, すなわちある正方行列 B, C が存在して
> $$A = \begin{pmatrix} B & 0 \\ 0 & C \end{pmatrix}$$
> と書けるならば,
> $$\exp(A) = \begin{pmatrix} \exp(B) & 0 \\ 0 & \exp(C) \end{pmatrix}.$$

証明　ブロック対角行列 A に対して

$$A^k = \begin{pmatrix} B^k & 0 \\ 0 & C^k \end{pmatrix}$$

が成立することより明らか. ■

定理 4.11 A が対角行列

$$A = \begin{pmatrix} a_1 & 0 & \cdots & 0 \\ 0 & a_2 & \cdots & 0 \\ 0 & 0 & \ddots & 0 \\ 0 & 0 & \cdots & a_n \end{pmatrix}$$

ならば，

$$\exp(A) = \begin{pmatrix} e^{a_1} & 0 & \cdots & 0 \\ 0 & e^{a_2} & \cdots & 0 \\ 0 & 0 & \ddots & 0 \\ 0 & 0 & \cdots & e^{a_n} \end{pmatrix}$$

である.

証明 これは既に前節で計算した内容であるが，定理 4.10 を繰り返し使うことでも証明できる. ■

　このように対角化さえできれば行列の指数関数は簡単に求まるが，すべての行列が対角化できるわけではないし，そもそも対角化できている場合には微分方程式は1次元の独立な方程式たちに分解されてしまうので，行列の指数関数など持ち出さなくてもよい. では対角化できないときにどのように指数関数を求めたらよいだろうか. そこで，対角化できないまでも，なるべく対角に近い簡単な形に変形しようという方針を立てる. ここでも線形代数で学習した手法が活躍する.

　ジョルダン細胞とは対角成分に同じ値 λ が並び，対角成分の一行上に 1 が並んだ

$$J_n(\lambda) = \begin{pmatrix} \lambda & 1 & \cdots & \cdots & 0 \\ 0 & \lambda & 1 & \cdots & 0 \\ 0 & 0 & \ddots & \ddots & 0 \\ 0 & 0 & \cdots & \lambda & 1 \\ 0 & 0 & \cdots & 0 & \lambda \end{pmatrix}$$

という形の行列である．この行列の固有値は λ のみであることを確認しよう．大きさが n 行 n 列で固有値が λ のジョルダン細胞を以下では $J_n(\lambda)$ と書くことにする．

さしあたっての目標は $\exp(J_n(\lambda) \cdot t)$ を求めることである．

補題 4.12 n 行 n 列の行列

$$N = \begin{pmatrix} 0 & 1 & \cdots & \cdots & 0 \\ 0 & 0 & 1 & \cdots & 0 \\ 0 & 0 & \ddots & \ddots & 0 \\ 0 & 0 & \cdots & 0 & 1 \\ 0 & 0 & \cdots & 0 & 0 \end{pmatrix}$$

に対し

$$\exp(Nt) = \begin{pmatrix} 1 & t & \frac{t^2}{2!} & \cdots & \frac{t^{n-1}}{(n-1)!} \\ 0 & 1 & t & \ddots & \vdots \\ 0 & 0 & \ddots & \ddots & \frac{t^2}{2!} \\ 0 & 0 & \cdots & 1 & t \\ 0 & 0 & \cdots & 0 & 1 \end{pmatrix}.$$

証明 N を 2 乗すると

$$N^2 = \begin{pmatrix} 0 & 0 & 1 & \cdots & 0 \\ 0 & 0 & \ddots & \ddots & 0 \\ 0 & 0 & \ddots & \ddots & 1 \\ 0 & 0 & \cdots & 0 & 0 \\ 0 & 0 & \cdots & 0 & 0 \end{pmatrix}$$

となって，1 の並ぶ場所が右上に 1 つずれる．さらに N を掛けると N^3, N^4 ではどんどん 1 の並ぶ場所が右上にずれてゆき，最終的に $N^n = 0$ となってしまう．よって，exp の定義における無限和はこの場合には 0 次から $n-1$ 次ま

での n 項の和であり，直接計算によって

$$\exp(Nt) = I + Nt + \frac{N^2 t^2}{2!} + \cdots + \frac{N^{n-1} t^{n-1}}{(n-1)!}$$

$$= I + \begin{pmatrix} 0 & 1 & \cdots & \cdots & 0 \\ 0 & 0 & 1 & \cdots & 0 \\ 0 & 0 & \ddots & \ddots & 0 \\ 0 & 0 & \cdots & 0 & 1 \\ 0 & 0 & \cdots & 0 & 0 \end{pmatrix} t + \begin{pmatrix} 0 & 0 & 1 & \cdots & 0 \\ 0 & 0 & \ddots & \ddots & 0 \\ 0 & 0 & \ddots & \ddots & 1 \\ 0 & 0 & \cdots & 0 & 0 \\ 0 & 0 & \cdots & 0 & 0 \end{pmatrix} \frac{t^2}{2!} +$$

$$\cdots + \begin{pmatrix} 0 & 0 & 0 & \cdots & 1 \\ 0 & 0 & \ddots & \ddots & 0 \\ 0 & 0 & \ddots & \ddots & 0 \\ 0 & 0 & \cdots & 0 & 0 \\ 0 & 0 & \cdots & 0 & 0 \end{pmatrix} \frac{t^{n-1}}{(n-1)!}$$

となって補題の式が得られる. ∎

定理 4.13 ジョルダン細胞 $J_n(\lambda)$ に対して

$$\exp(J_n(\lambda)t) = e^{\lambda t} \begin{pmatrix} 1 & t & \frac{t^2}{2!} & \cdots & \frac{t^{n-1}}{(n-1)!} \\ 0 & 1 & t & \ddots & \vdots \\ 0 & 0 & \ddots & \ddots & \frac{t^2}{2!} \\ 0 & 0 & \cdots & 1 & t \\ 0 & 0 & \cdots & 0 & 1 \end{pmatrix}.$$

証明 $J_n(\lambda)t = \lambda I t + Nt$ であるが，いま $\lambda I t$ と Nt は明らかに可換なので，命題 4.8 より，

$$\exp(J_n(\lambda)t) = \exp(\lambda I t + Nt) = \exp(\lambda I t) \cdot \exp(Nt)$$

となる．よって補題 4.12 より定理が従う. ∎

一般の行列がジョルダン細胞に分解されることを保証するのが，線形代数で

習う <u>ジョルダン標準形</u> の理論である.

定理 4.14 （ジョルダン標準形） 任意の複素正方行列 A はジョルダン細胞を並べた行列と共役である. すなわち, ある正則行列 P が存在して

$$
P^{-1}AP = \begin{pmatrix} A_1 & & & 0 \\ & A_2 & & \\ & & \ddots & \\ 0 & & & A_k \end{pmatrix}
$$

となる. ここで $A_i \ (i = 1, \dots, k)$ はジョルダン細胞である.

　このように A をジョルダンブロックの和に分解することができるし, 各ジョルダンブロックの指数関数は既に求めた. あとは次の定理を用いれば一般の行列の指数関数が求まる.

定理 4.15 $B = P^{-1}AP$ に対して

$$
\exp(B) = P^{-1}\exp(A)P.
$$

証明 $PP^{-1} = I$ より

$$
\begin{aligned}
B^k &= (P^{-1}AP) \cdot (P^{-1}AP) \cdots (P^{-1}AP) \\
&= P^{-1}A(PP^{-1})A(PP^{-1})A \cdots A(PP^{-1})AP = P^{-1}A^k P
\end{aligned}
$$

である. このことと指数関数を定義する級数が絶対収束であることから

$$
\begin{aligned}
\exp(B) &= I + B + \frac{B^2}{2!} + \frac{B^3}{3!} + \cdots \\
&= I + P^{-1}AP + \frac{P^{-1}A^2 P}{2!} + \frac{P^{-1}A^3 P}{3!} + \cdots \\
&= P^{-1}\left(I + A + \frac{A^2}{2!} + \frac{A^3}{3!} + \cdots\right)P = P^{-1}\exp(A)P.
\end{aligned}
$$

　以上の議論を定理としてまとめておこう.

定理 4.16　行列 A のジョルダン標準形が正則行列 P により

$$P^{-1}AP = \begin{pmatrix} A_1 & & & \smash{\raisebox{1ex}{\Large 0}} \\ & A_2 & & \\ & & \ddots & \\ \smash{\raisebox{-1ex}{\Large 0}} & & & A_k \end{pmatrix}$$

と与えられるとき,

$$\exp(A) = P \begin{pmatrix} \exp(A_1) & & & \smash{\raisebox{1ex}{\Large 0}} \\ & \exp(A_2) & & \\ & & \ddots & \\ \smash{\raisebox{-1ex}{\Large 0}} & & & \exp(A_k) \end{pmatrix} P^{-1}$$

である.

証明　$B = P^{-1}AP$ とおく. 定理 4.15 により, $\exp(A) = P\exp(B)P^{-1}$ である. また定理 4.10 を繰り返し用いることにより, $\exp(B)$ は各ジョルダンブロックの指数関数をブロックとするブロック行列になるので, 定理は示された.　　　　　　　　　　　　　　　　　　　　　　　　　■

　各ジョルダンブロックの指数関数は定理 4.13 により与えられるので, これにより一般の行列 A の指数関数が求まった.

　以上で定数係数の線形常微分方程式が解けたことになるのだが, ちょっと気持ちの悪い点が残る. 例 4.2 で考えた調和振動子に対応する行列のように, 行列の固有値が複素数になる場合である. 考えている系がすべて実数で定義され, 解も実数のはずなのに計算の途中で複素数が出てきてしまう. もちろん複素数が出てきても解としては正しいので, きちんと解釈すれば実数の解が取り出せるのだが, 以下のようにすれば議論の途中に複素数が出てくるのを避けられる.

A を n 次の実正規行列としよう（実正規行列とは実数を成分とする正方行列で，複素数の範囲では対角化できるもの）．このとき，固有方程式は実係数の代数方程式なので，虚部が 0 でない固有値を A がもつとしたら，その固有値の複素共役もまた固有値になる．また，複素固有値 σ に対する固有ベクトルを v とすると，$Av = \sigma v$ となり，この複素共役をとると $A\bar{v} = \bar{\sigma}\bar{v}$ となることから，$\bar{v}$ が固有値 $\bar{\sigma}$ の固有ベクトルとなる．そこで，A の実固有値を $\lambda_1, \ldots, \lambda_k$，複素固有値を $\sigma_1, \bar{\sigma}_1, \ldots, \sigma_l, \bar{\sigma}_l$ とし，対応する固有ベクトルをそれぞれ $u_1, \ldots, u_k, v_1, \bar{v}_1, \ldots, v_l, \bar{v}_l$ としよう．$k + 2l = n$ である．また複素固有値の実部と虚部に $\sigma_j = \alpha_j + i\beta_j$ と名前をつけておく $(1 \leq j \leq l)$．いま

$$p_j = \frac{v_j + \bar{v}_j}{2}, \qquad q_j = \frac{v_j - \bar{v}_j}{2i}$$

とおくと，

$$Ap_j = \frac{\sigma_j v_j}{2} + \frac{\bar{\sigma}_j \bar{v}_j}{2}, \quad Aq_j = \frac{\sigma_j v_j}{2i} - \frac{\bar{\sigma}_j \bar{v}_j}{2i}$$

であり，

$$\alpha_j p_j = \frac{\sigma_j + \bar{\sigma}_j}{2}\frac{v_j + \bar{v}_j}{2} = \frac{1}{4}(\sigma_j v_j + \sigma_j \bar{v}_j + \bar{\sigma}_j v_j + \bar{\sigma}_j \bar{v}_j),$$
$$\alpha_j q_j = \frac{\sigma_j + \bar{\sigma}_j}{2}\frac{v_j - \bar{v}_j}{2i} = \frac{1}{4i}(\sigma_j v_j - \sigma_j \bar{v}_j + \bar{\sigma}_j v_j - \bar{\sigma}_j \bar{v}_j),$$
$$\beta_j p_j = \frac{\sigma_j - \bar{\sigma}_j}{2i}\frac{v_j + \bar{v}_j}{2} = \frac{1}{4i}(\sigma_j v_j + \sigma_j \bar{v}_j - \bar{\sigma}_j v_j - \bar{\sigma}_j \bar{v}_j),$$
$$\beta_j q_j = \frac{\sigma_j - \bar{\sigma}_j}{2i}\frac{v_j - \bar{v}_j}{2i} = \frac{1}{4}(-\sigma_j v_j + \sigma_j \bar{v}_j + \bar{\sigma}_j v_j - \bar{\sigma}_j \bar{v}_j)$$

となることに注意すると，

$$Ap_j = \alpha_j p_j - \beta_j q_j, \quad Aq_j = \beta_j p_j + \alpha_j q_j,$$

すなわち

$$A\begin{pmatrix} p_j \\ q_j \end{pmatrix} = \begin{pmatrix} \alpha_j & -\beta_j \\ \beta_j & \alpha_j \end{pmatrix}\begin{pmatrix} p_j \\ q_j \end{pmatrix}$$

が成立する．ベクトル p_j, q_j たちが一次独立であることも簡単に示せるので，$u_1, \ldots, u_k, p_1, q_1, \ldots, p_l, q_l$ を基底にとることにより，A は **実標準形** と呼ばれる形になる．

定理 4.17 （**実標準形**）　任意の実正規行列 A は適当な正則行列（直交行列にとれる）P により

$$
P^{-1}AP = \begin{pmatrix} \lambda_1 & & & & & & \\ & \ddots & & & & & \\ & & \lambda_k & & & & \\ & & & A_1 & & & \\ & & & & \ddots & & \\ & & & & & A_l \end{pmatrix} \qquad \begin{matrix} 0 \\ \\ \\ \\ \end{matrix}
$$

という形になる．ここで $\lambda_j\ (1 \le j \le k)$ は A の実固有値であり，$A_j\ (1 \le j \le l)$ は A の複素固有値 $\sigma_j = \alpha_j \pm i\beta_j$ に対応する $\begin{pmatrix} \alpha_j & \beta_j \\ -\beta_j & \alpha_j \end{pmatrix}$ という 2 行 2 列の実行列である．

　A が正規ではない実数行列の場合には実標準形にはならないが，上の議論とジョルダン標準形の議論を組み合わせると，**実ジョルダン標準形** を構成することができる．これは共役な複素固有値 $\alpha \pm i\beta$ に対して $A = \begin{pmatrix} \alpha & \beta \\ -\beta & \alpha \end{pmatrix}$，$I = \begin{pmatrix} 1 & 0 \\ 0 & 1 \end{pmatrix}$ をジョルダン細胞のように並べた

$$
\begin{pmatrix} A & I & \cdots & \cdots & 0 \\ 0 & A & I & \cdots & 0 \\ 0 & 0 & \ddots & \ddots & 0 \\ 0 & 0 & \cdots & A & I \\ 0 & 0 & \cdots & 0 & A \end{pmatrix}
$$

という形の細胞をもつものである．
　これらの実標準形に登場する $\begin{pmatrix} \alpha & \beta \\ -\beta & \alpha \end{pmatrix}$ という形の行列の指数関数を計算してみよう．

$$\exp \begin{pmatrix} \alpha & \beta \\ -\beta & \alpha \end{pmatrix} = \exp \left(\begin{pmatrix} \alpha & 0 \\ 0 & \alpha \end{pmatrix} + \begin{pmatrix} 0 & \beta \\ -\beta & 0 \end{pmatrix} \right)$$

$$= \exp \begin{pmatrix} \alpha & 0 \\ 0 & \alpha \end{pmatrix} \cdot \exp \begin{pmatrix} 0 & \beta \\ -\beta & 0 \end{pmatrix}$$

$$= e^{\alpha} \cdot \exp \begin{pmatrix} 0 & \beta \\ -\beta & 0 \end{pmatrix}$$

となる. 最後の項を計算するために, $B = \begin{pmatrix} 0 & \beta \\ -\beta & 0 \end{pmatrix}$ のベキ乗を計算してみると,

$$B^2 = \begin{pmatrix} -\beta^2 & 0 \\ 0 & -\beta^2 \end{pmatrix},$$

$$B^3 = \begin{pmatrix} -\beta^2 & 0 \\ 0 & -\beta^2 \end{pmatrix} \begin{pmatrix} 0 & \beta \\ -\beta & 0 \end{pmatrix} = \begin{pmatrix} 0 & -\beta^3 \\ \beta^3 & 0 \end{pmatrix},$$

$$B^4 = \begin{pmatrix} 0 & -\beta^3 \\ \beta^3 & 0 \end{pmatrix} \begin{pmatrix} 0 & \beta \\ -\beta & 0 \end{pmatrix} = \begin{pmatrix} \beta^4 & 0 \\ 0 & \beta^4 \end{pmatrix}$$

となる. 帰納的にベキが偶数 $2m$ のときは

$$B^{2m} = (-1)^m \begin{pmatrix} \beta^{2m} & 0 \\ 0 & \beta^{2m} \end{pmatrix},$$

ベキが奇数 $2m+1$ のときは

$$B^{2m+1} = (-1)^m \begin{pmatrix} 0 & \beta^{2m+1} \\ -\beta^{2m+1} & 0 \end{pmatrix}$$

となることがわかる. よって,

$$\exp B = E + B + \frac{B^2}{2!} + \frac{B^3}{3!} + \cdots$$

$$= \begin{pmatrix} 1 - \frac{\beta^2}{2!} + \frac{\beta^4}{4!} - \cdots & \beta - \frac{\beta^3}{3!} + \frac{\beta^5}{5!} - \cdots \\ -\beta + \frac{\beta^3}{3!} - \frac{\beta^5}{5!} + \cdots & 1 - \frac{\beta^2}{2!} + \frac{\beta^4}{4!} - \cdots \end{pmatrix}$$

となるが, $\sin x$ と $\cos x$ のテイラー展開を用いると

$$\exp B = \begin{pmatrix} \cos\beta & \sin\beta \\ -\sin\beta & \cos\beta \end{pmatrix}$$

と綺麗な形になった. 以上により

$$\exp\begin{pmatrix} \alpha & \beta \\ -\beta & \alpha \end{pmatrix} = e^\alpha \begin{pmatrix} \cos\beta & \sin\beta \\ -\sin\beta & \cos\beta \end{pmatrix}$$

となる. これは実数 e^α 倍と角度 β の回転行列の積になっており, もともとの複素固有値 $\sigma = \alpha + i\beta$ に戻って考えると, 大きさの倍率には実部 α のみ, 回転角度には虚部 β のみが関係していることがわかる.

4.3 変数係数方程式の取り扱い

変数係数の場合には, 残念ながら一般的に通用する解法はない. しかし,「線形である」という特徴を最大に利用することで, 解についての情報を引き出すことができる. そこで, 線形性の意味を考え直してみよう.

線形の方程式の著しい特徴は, 解全体のなす集合に綺麗な構造が入るということである.

定理 4.18 線形同次方程式

$$\dot{x}(t) = A(t)x(t) \tag{4.7}$$

の解全体

$$S = \{x : \mathbb{R} \to \mathbb{R}^n \mid \dot{x}(t) = A(t)x(t)\}$$

はベクトル空間になる[1].

証明 $x_1, x_2 \in S$ を (4.7) の二つの解とすると,

$$\frac{d}{dt}(c_1 x_1 + c_2 x_2) = c_1 \frac{dx_1}{dt} + c_2 \frac{dx_2}{dt}$$
$$= c_1 A x_1 + c_2 A x_2 = A(c_1 x_1 + c_2 x_2)$$

---

[1] 非同次の場合は, アフィン空間になる. 4.4 節を参照のこと.

となるので，$c_1 x_1 + c_2 x_2$ も (4.7) の解であり，S に属する．ベクトル空間 S におけるゼロベクトルは，すべての $t \in \mathbb{R}$ に対して $0 \in \mathbb{R}^n$ を返す定数関数である． ■

定理 4.19　S はベクトル空間として $\mathbb{R}^n$ と同型[2]である．

以下の証明では，第 5 章で学ぶ常微分方程式の基本定理を多く用いているので，第 5 章を学んでから再度読み直すとよい．

証明　写像 $\Phi : S \to \mathbb{R}^n$ を

$$\Phi(x) = x(0)$$

により定義する．Φ はすなわち，解に対してその時刻 $t = 0$ における相空間での位置を対応させる写像である．

$$\Phi(c_1 x_1 + c_2 x_2) = c_1 x_1(0) + c_2 x_2(0) = c_1 \Phi(x_1) + c_2 \Phi(x_2)$$

より Φ は線形写像である．また，解の存在定理（定理 5.10）より，任意の $x_0 \in \mathbb{R}^n$ に対して $x(0) = x_0$ となる解 $\psi(t)$ が $t = t_0$ の近くで定義される．定理 5.19 より $\psi(t)$ は $\mathbb{R}$ 全体に拡張されるので，S の元を定める．このとき $\Phi(\psi) = x_0$ である．よって Φ は全射．解の一意性（同じく定理 5.10）を用いると，$\Phi(x) = 0$ となる解，すなわち $x(0) = 0$ となる解は，自明解（任意の t で $x(t) = 0$ となる解）のみである．よって Φ は単射．以上により Φ は線形全単射写像なので，S と $\mathbb{R}^n$ の同型を与える． ■

解空間 S はベクトル空間の構造をもつので，基底が存在する．すなわち，ある解 $x_1, x_2, \ldots, x_n$ が存在して，任意の解 x は

$$x(t) = c_1 x_1(t) + c_2 x_2(t) + \cdots + c_n x_n(t)$$

とそれらの線形結合で書けることになる．このように解の空間 S の基底をなす解たち $x_1, x_2, \ldots, x_n$ を **解の基本系** といい，また解の基本系を並べた行列関数

---

[2]ベクトル空間 V と W が同型であるとは，線形な全単射写像 $\Psi : V \to W$ が存在することをいう．このとき，V と W は Ψ により同一視することができる．

$$X(t) := (x_1(t), x_2(t), \ldots, x_n(t))$$

を **基本行列** という. 基本系をなす関数 $x_1, x_2, \ldots, x_n$ は一次独立であることに注意しよう. すなわち一次結合

$$c_1 x_1(t) + c_2 x_2(t) + \cdots + c_n x_n(t)$$

が定数関数 0 になるのは $c_1 = \cdots = c_n = 0$ のときのみである.

前節までで扱った定数係数の方程式は, 行列の指数関数を用いて一般解を直接書き下すことができたので, 基本行列も当然求まる. 変数係数の場合にはそのような一般的に通用する解法はなく, 基本行列を求めることもできない. しかし, 実は基本行列の行列式の値は計算できるのである. 以下ではそのことをみていこう.

$\mathbb{R}^n$ に値をとる n 個の関数 $x_1(t), x_2(t), \ldots, x_n(t)$ を考えよう. これらの **ロンスキアン** $w(t)$ とは, $x_1(t), x_2(t), \ldots, x_n(t)$ を列ベクトルとしてもつ行列の行列式のことをいう. すなわち, $x_i(t) = {}^t(x_{1i}(t), x_{2i}(t), \ldots, x_{ni}(t))$ とすれば

$$w(t) = \det \begin{pmatrix} x_{11}(t) & x_{12}(t) & \cdots & x_{1n}(t) \\ x_{21}(t) & x_{22}(t) & \cdots & x_{2n}(t) \\ \vdots & \vdots & \ddots & \vdots \\ x_{n1}(t) & x_{n2}(t) & \cdots & x_{nn}(t) \end{pmatrix}$$

である.

定理 4.20 関数 $x_1, x_2, \ldots, x_n$ が線形同次方程式 $\dot{x}(t) = A(t)x(t)$ の解であるとき,

$$w(t) = w(t_0) \exp\left(\int_{t_0}^{t} \mathrm{tr} A(\tau) \, d\tau\right)$$

が成立する. ただし $\mathrm{tr} A(\tau)$ は行列 $A(\tau)$ のトレースである.

証明 行列式の定義が, 行列の要素の積で表されていたことを思い出すと,

$$\frac{dw}{dt} = \det \begin{pmatrix} \dot{x}_{11}(t) & \dot{x}_{12}(t) & \cdots & \dot{x}_{1n}(t) \\ x_{21}(t) & x_{22}(t) & \cdots & x_{2n}(t) \\ \vdots & \vdots & \ddots & \vdots \\ x_{n1}(t) & x_{n2}(t) & \cdots & x_{nn}(t) \end{pmatrix}$$

$$+ \det \begin{pmatrix} x_{11}(t) & x_{12}(t) & \cdots & x_{1n}(t) \\ \dot{x}_{21}(t) & \dot{x}_{22}(t) & \cdots & \dot{x}_{2n}(t) \\ \vdots & \vdots & \ddots & \vdots \\ x_{n1}(t) & x_{n2}(t) & \cdots & x_{nn}(t) \end{pmatrix}$$

$$+ \cdots + \det \begin{pmatrix} x_{11}(t) & x_{12}(t) & \cdots & x_{1n}(t) \\ x_{21}(t) & x_{22}(t) & \cdots & x_{2n}(t) \\ \vdots & \vdots & \ddots & \vdots \\ \dot{x}_{n1}(t) & \dot{x}_{n2}(t) & \cdots & \dot{x}_{nn}(t) \end{pmatrix}$$

となる. いま $x_i(t)$ が $\dot{x}_i(t) = A(t)x_i(t)$ をみたすことから, $A(t) = (a_{ij}(t))$ とおくと,

$$\dot{x}_{ij} = \sum_{k=1}^{n} a_{ik}(t)x_{kj}(t)$$

が成立する. 上式の右辺第一項は

$$\det \begin{pmatrix} \dot{x}_{11}(t) & \dot{x}_{12}(t) & \cdots & \dot{x}_{1n}(t) \\ x_{21}(t) & x_{22}(t) & \cdots & x_{2n}(t) \\ \vdots & \vdots & \ddots & \vdots \\ x_{n1}(t) & x_{n2}(t) & \cdots & x_{nn}(t) \end{pmatrix}$$

$$= \det \begin{pmatrix} \sum a_{1k}(t)x_{k1}(t) & \sum a_{1k}(t)x_{k2}(t) & \cdots & \sum a_{1k}(t)x_{kn}(t) \\ x_{21}(t) & x_{22}(t) & \cdots & x_{2n}(t) \\ \vdots & \vdots & \ddots & \vdots \\ x_{n1}(t) & x_{n2}(t) & \cdots & x_{nn}(t) \end{pmatrix}$$

$$= \sum_{k=1}^{n} a_{1k}(t) \det \begin{pmatrix} x_{k1}(t) & x_{k2}(t) & \cdots & x_{kn}(t) \\ x_{21}(t) & x_{22}(t) & \cdots & x_{2n}(t) \\ \vdots & \vdots & \ddots & \vdots \\ x_{n1}(t) & x_{n2}(t) & \cdots & x_{nn}(t) \end{pmatrix} = a_{11}w(t)$$

となる. 二つ目の等式では行列式の線形性を用いた. また最後の等式では, 一致する行をもつ行列の行列式は 0 になるという性質を用いた. 同様の計算により

$$\det \begin{pmatrix} x_{11}(t) & x_{12}(t) & \cdots & x_{1n}(t) \\ \dot{x}_{21}(t) & \dot{x}_{22}(t) & \cdots & \dot{x}_{2n}(t) \\ \vdots & \vdots & \ddots & \vdots \\ x_{n1}(t) & x_{n2}(t) & \cdots & x_{nn}(t) \end{pmatrix} = a_{22}w(t)$$

$$\vdots$$

$$\det \begin{pmatrix} x_{11}(t) & x_{12}(t) & \cdots & x_{1n}(t) \\ x_{21}(t) & x_{22}(t) & \cdots & x_{2n}(t) \\ \vdots & \vdots & \ddots & \vdots \\ \dot{x}_{n1}(t) & \dot{x}_{n2}(t) & \cdots & \dot{x}_{nn}(t) \end{pmatrix} = a_{nn}w(t)$$

も示せるので, 足し合わせると定理の主張を得る. ∎

系 4.21 関数 $x_1, x_2, \ldots, x_n$ を線形同次方程式 $\dot{x}(t) = A(t)x(t)$ の解とす

る.　ある $t = t_0$ で $x_1(t_0), x_2(t_0), \ldots, x_n(t_0)$ が一次独立であれば,　任意の t でベクトル $x_1(t), x_2(t), \ldots, x_n(t)$ は一次独立である.

証明　$x_1(t_0), x_2(t_0), \ldots, x_n(t_0)$ が一次独立なので,　$w(t_0) \neq 0$ である.　定理 4.20 より

$$w(t) = w(t_0) \exp\left(\int_{t_0}^{t} \mathrm{tr}A(\tau)\,d\tau \right)$$

であり,　任意の t で $\exp\left(\displaystyle\int_{t_0}^{t} \mathrm{tr}A(\tau)\,d\tau \right) \neq 0$ なので $w(t) \neq 0$ となり,　主張は示された. ∎

系 4.22　関数 $x_1, x_2, \ldots, x_n$ を線形同次方程式 $\dot{x}(t) = A(t)x(t)$ の解とする.　このとき,

(A)　$x_1, x_2, \ldots, x_n$ が解の基本系である.

(B)　ある $t = t_0$ で $x_1(t_0), x_2(t_0), \ldots, x_n(t_0)$ が一次独立である.

(C)　すべての t で $x_1(t), x_2(t), \ldots, x_n(t)$ が一次独立である.

は同値である.

証明　(C) $\Rightarrow$ (B) は自明である.　また (B) $\Rightarrow$ (C) は系 4.21 より従う.

次に (B) $\Rightarrow$ (A) を示す.　もし $x_1, x_2, \ldots, x_n$ が一次従属であるとすると,　これらの関数のある線形結合が定数関数 0 となる.　よって,　すべての t において ベクトル $x_1(t), x_2(t), \ldots, x_n(t)$ は一次従属になるので,　これは (B) に矛盾.　よって (B) $\Rightarrow$ (A) である.

最後に (A) $\Rightarrow$ (C) を示す.　もしある $t = t_0$ で $x_1(t_0), x_2(t_0), \ldots, x_n(t_0)$ が一次従属であるとすると,　すべてが 0 ではない定数 $c_1, c_2, \ldots, c_n$ により

$$c_1 x_1(t_0) + c_2 x_2(t_0) + \cdots + c_n x_n(t_0) = 0$$

が成立する.　この定数 $c_1, c_2, \ldots, c_n$ を用いて

$$y(t) = c_1 x_1(t) + c_2 x_2(t) + \cdots + c_n x_n(t)$$

と定義すると，$y(t)$ は $\dot{x}(t) = A(t)x(t)$ の解であり，$t = t_0$ で $y(t_0) = 0$ をみたす．ところが，定数関数 0 も同じ初期値をみたすので，解の一意性より $y(t)$ は常に 0 でなくてはならない．すなわち，

$$c_1 x_1(t) + c_2 x_2(t) + \cdots + c_n x_n(t) = 0$$

が任意の t で成立する．これは $x_1, x_2, \ldots, x_n$ が一次独立であることに矛盾する．よって (A) $\Rightarrow$ (C) である．　　　　　　　　　　　　　　　　　■

　変数係数の線形方程式で重要なものとして，単独の 2 階方程式がある．非同次の場合は次節の定数変化法で扱うので，同次の場合を考えよう．考えるのは

$$f_2(t)\ddot{x}(t) + f_1(t)\dot{x}(t) + f_0(t)x(t) = 0 \tag{4.8}$$

という方程式である．2 階の方程式なので，変形すると 2 変数の 1 階線形方程式になり，一次独立な解が二つあるはずである．変数係数なので一般的な解法はないが，もしいま $x_1(t)$ が (4.8) の解だとすると，これをもとにもう一つの解を構成することができる．

　まず，

$$x_2(t) = x_1(t) \int u(t) dt \tag{4.9}$$

とおいて，$x_2(t)$ が解となるような $u(t)$ を探してみよう．(4.9) を微分することにより，

$$\dot{x}_2 = x_1 u + \dot{x}_1 \int u(t) dt,$$
$$\ddot{x}_2 = x_1 \dot{u} + 2\dot{x}_1 u + \ddot{x}_1 \int u(t) dt$$

が得られる．これらを (4.8) に代入して整理すると（引数の t はすべて省略している），

$$(f_2 \ddot{x}_1 + f_1 \dot{x}_1 + f_0 x_1) \int u dt + f_2 x_1 \dot{u} + (2f_2 \dot{x}_1 + f_1 x_1)u = 0$$

となる．いま x_1 が解であることから，第一項は 0 となる．よって方程式は

$$f_2 x_1 \dot{u} + (2f_2 \dot{x}_1 + f_1 x_1)u = 0$$

となる．この方程式は両辺を u で割ると

$$\frac{1}{u}\frac{du}{dt} = -\frac{2f_2\dot{x}_1 + f_1 x_1}{f_2 x_1}$$

となるが，これは変数分離形なので積分できる．実際，

$$\log u = -2\log x_1 - \int \frac{f_1(t)}{f_2(t)} dt$$

となり，右辺第一項を移項して $\log$ を外すと

$$ux_1^2 = \exp\left(-\int \frac{f_1(t)}{f_2(t)} dt\right)$$

なので，

$$u(t) = \frac{1}{x_1(t)^2} \exp\left(-\int \frac{f_1(t)}{f_2(t)} dt\right)$$

とおけばよい．

◆**例 4.23**　方程式

$$t^2\ddot{x} + t\dot{x} - x = 0$$

を考えよう．変数係数ではあるが，$x_1(t) = t$ が解であることはすぐに確かめられる．上の解法に従って $x_2(t)$ を求めると，

$$x_2(t) = x_1(t) \int u(t)dt = t \int \frac{1}{t^2} \exp\left(-\int \frac{t}{t^2} dt\right) dt$$
$$= t \int \frac{1}{t^2} \exp(-\log t)dt = t \int \frac{1}{t^3} dt = -\frac{1}{2t} + C$$

となる．これを方程式に代入すると，$C = 0$ がわかる．よって，一般解は

$$x(t) = c_1 t + \frac{c_2}{t}$$

となる．

4.4 定数変化法

線形の非同次方程式の初期値問題

$$\dot{x}(t) = A(t)x(t) + f(t), \quad x(t_0) = x_0 \tag{4.10}$$

を考える. 本章でこれまでみてきた方法は同次の方程式に対するものであったが, 3.7 節で単独線形方程式に用いた定数変化法を用いると, 非同次方程式の解も積分で表示することができる.

まず, 非同次方程式 (4.10) から $f(t)$ を除いた同次方程式

$$\dot{x}(t) = A(t)x(t) \tag{4.11}$$

の解は既に構成されているとする. この解は $A(t)$ が定数係数 A の場合であれば, 行列の指数写像を用いて $\exp(A(t - t_0))x_0$ と具体的に書けることを学んだ. 定数係数でない場合には同次方程式であっても一般論はないが, 前節でみたような方法により得られた解があるとしよう. 同次方程式 (4.11) が生成する相空間上の流れで, 時刻 $t = t_0$ を時刻の初期値とするものを $\Psi^t : \mathbb{R}^n \to \mathbb{R}^n$ とする (定数係数の場合であれば $\Psi^t = \exp(A(t - t_0))$ と指数関数で書ける). 方程式 (4.11) の初期値 $x(t_0) = x_0$ をみたす解を $\psi_{x_0}(t)$ とすると

$$\psi_{x_0}(t) = \Psi^t(x_0) \tag{4.12}$$

である. ここで式 (4.12) において定数であった初期値 x_0 を関数 $c(t)$ におきかえて,

$$\phi(t) = \Psi^t(c(t)) \tag{4.13}$$

という関数を定義する. 流れ関数 Ψ^t はそのままで, その引数が時間と共に変化するとするのである. 今後はこの形の関数で解を探す. 式 (4.13) を $t = \tau$ で時間微分すると,

$$
\begin{aligned}
\left.\frac{d\phi}{dt}\right|_{t=\tau} &= \lim_{h\to 0} \frac{\Psi^{\tau+h}(c(\tau+h)) - \Psi^{\tau}(c(\tau))}{h} \\
&= \lim_{h\to 0} \frac{\Psi^{\tau+h}(c(\tau+h)) - \Psi^{\tau}(c(\tau+h)) + \Psi^{\tau}(c(\tau+h)) - \Psi^{\tau}(c(\tau))}{h} \\
&= \lim_{h\to 0} \frac{\Psi^{\tau+h}(c(\tau+h)) - \Psi^{\tau}(c(\tau+h))}{h} + \lim_{h\to 0} \frac{\Psi^{\tau}(c(\tau+h)) - \Psi^{\tau}(c(\tau))}{h}
\end{aligned}
$$

$$(4.14)$$

となる. まず (4.14) の右辺第二項について考えよう. 同次方程式は線形性をみ たすので, Ψ^{τ} も線形写像である. よって

$$
\begin{aligned}
\lim_{h\to 0} \frac{\Psi^{\tau}(c(\tau+h)) - \Psi^{\tau}(c(\tau))}{h} &= \lim_{h\to 0} \frac{\Psi^{\tau}(c(\tau+h) - c(\tau))}{h} \\
&= \Psi^{\tau} \lim_{h\to 0} \frac{c(\tau+h) - c(\tau)}{h} = \Psi^{\tau}\dot{c}(\tau)
\end{aligned}
$$

である. 同様に (4.14) の第一項を計算すると,

$$
\begin{aligned}
&\lim_{h\to 0} \frac{\Psi^{\tau+h}(c(\tau+h)) - \Psi^{\tau}(c(\tau+h))}{h} \\
&= \lim_{h\to 0} \frac{\Psi^{\tau+h}(c(\tau+h)) - \Psi^{\tau+h}(c(\tau))}{h} - \lim_{h\to 0} \frac{\Psi^{\tau}(c(\tau+h)) - \Psi^{\tau}(c(\tau))}{h} \\
&\quad + \lim_{h\to 0} \frac{\Psi^{\tau+h}(c(\tau)) - \Psi^{\tau}(c(\tau))}{h}
\end{aligned}
$$

となるが, Ψ^{τ} の連続性より右辺第一項と第二項は共に $\Psi^{\tau}\dot{c}(\tau)$ に収束し, 打ち 消し合う. 次に第三項を求めよう. まず $c(\tau) = \gamma$ とおき, 同次方程式 (4.11) の 解 $\psi(t)$ で初期値として $\psi(0) = \gamma$ をみたすものをとる. すると $\Psi^{\tau}(\gamma) = \psi(\tau)$, $\Psi^{\tau+h}(\gamma) = \psi(\tau+h)$ より

$$
\begin{aligned}
\lim_{h\to 0} \frac{\Psi^{\tau+h}(c(\tau)) - \Psi^{\tau}(c(\tau))}{h} &= \lim_{h\to 0} \frac{\psi(\tau+h) - \psi(\tau)}{h} \\
&= \dot{\psi}(\tau) = A(\tau)\psi(\tau)
\end{aligned}
$$

となる. 最後の等式では, ψ が (4.11) の解であることを用いた. 定義より $\phi(t) = \Psi^{t}(c(t))$ なので, $t = \tau$ では

$$
\phi(\tau) = \Psi^{\tau}(c(\tau)) = \Psi^{\tau}(c_0) = \psi(\tau)
$$

となる ($t \neq \tau$ では一般に ψ と ϕ は一致しないことに注意). よって $A(\tau)\psi(\tau) = A(\tau)\phi(\tau)$ となる. 以上の計算を (4.14) に代入すると

$$\left.\frac{d\phi}{dt}\right|_{t=\tau} = A(\tau)\phi(\tau) + \Psi^\tau \dot{c}(\tau)$$

が得られた. いま τ は任意だったので, 時間を τ から t に戻した

$$\frac{d\phi}{dt}(t) = A(t)\phi(t) + \Psi^t \dot{c}(t)$$

も成立する. これをもともとの非同次方程式 (4.10) に代入すると, $A(t)\phi(t)$ の項が打ち消し合って, みたすべき方程式は

$$\dot{c}(t) = \left(\Psi^t\right)^{-1} f(t)$$

となる. 単独方程式の場合と同様に積分で解ける形に帰着された. これを積分した

$$c(t) = \int_{t_0}^{t} \left(\Psi^\tau\right)^{-1} f(\tau)\, d\tau$$

を (4.13) に代入すれば, 非同次方程式 (4.10) の解が得られる.

定理 4.24 非同次方程式 (4.10) の初期値 $x(t_0) = x_0$ をみたす解は同次方程式 (4.11) の流れ関数 Ψ^t を用いて

$$x(t) = \Psi^t \left(x_0 + \int_{t_0}^{t} \left(\Psi^\tau\right)^{-1} f(\tau)\, d\tau \right)$$

で与えられる.

系 4.25 定数係数の非同次方程式

$$\dot{x} = Ax(t) + f(t)$$

の初期値 $x(t_0) = x_0$ をみたす解は同次方程式の流れ関数 Ψ^t を用いて

$$x(t) = e^{A(t-t_0)} \left(x_0 + \int_{t_0}^{t} e^{-A(\tau-t_0)} f(\tau)\, d\tau \right)$$

で与えられる.

証明　定数係数の場合，$\Psi^t = \exp(A(t - t_0))$ と具体的な形がわかる．これを代入する．また，

$$(\Psi^t)^{-1} = (\exp(A(t - t_0)))^{-1} = \exp(A(t_0 - t))$$

となる．これらを定理 (4.24) に代入すればよい．　　　　　　　　　■

　ここで，定数変化法の幾何学的な意味を考えてみると，(4.13) により新しい関数を考えるというのは，拡大相空間の座標をとりなおして，同次方程式の軌道が拡大相空間で直線になるようにしたと思うことができる．すなわち，初期条件 $x_0 = \psi(t_0)$ を通る積分曲線 $(\psi(t), t)$ が (x_0, t) という固定された点になるように座標を変換したのである．こうすると，新しい座標のもとでは同次方程式は

$$\dot{x} = 0$$

という簡単な形になる．この座標変換により，非同次方程式のほうも単純化され，残った部分が $c(t)$ に関する方程式となるのである．

◆例 4.26　微分方程式

$$\ddot{x} = -x + f(t)$$

を考える．調和振動子の方程式に時間に依存する $f(t)$ が加わった形である．おもりに対して電場や磁場を用いて外から力を加える状況を想定した方程式になる．

　1 階の方程式に直すと $y(t) = \dot{x}(t)$ とおいて

$$\frac{d}{dt}\begin{pmatrix} x \\ y \end{pmatrix} = \begin{pmatrix} 0 & 1 \\ -1 & 0 \end{pmatrix}\begin{pmatrix} x \\ y \end{pmatrix} + \begin{pmatrix} 0 \\ f(t) \end{pmatrix}$$

となる．また，同次方程式の流れ関数を与える指数関数は，以前計算したように

$$\exp\left(\begin{pmatrix} 0 & 1 \\ -1 & 0 \end{pmatrix} t\right) = \begin{pmatrix} \cos t & \sin t \\ -\sin t & \cos t \end{pmatrix}$$

となる.よって初期値を $t = 0$ で $x(0) = x_0$, $\dot{x}(0) = v_0$ とおいて系 4.25 を適用すると

$$x(t) = \left(x_0 - \int_0^t f(\tau)\sin\tau d\tau\right)\cos t + \left(v_0 + \int_0^t f(\tau)\sin\tau d\tau\right)\sin t$$

が求める解となる.

4.5　演算子法

　ジョルダン標準形を用いた理論により定数係数の線形常微分方程式は解くことができたが,なかなか計算はたいへんであった.歴史的には,より計算が楽な演算子法という計算方法も広く使われてきたので,この節ではそれをみてみよう.

　演算子法とは,「関数の微分をする」といった解析的な操作を,記号的に実行できる代数的な操作(演算子)におきかえてしまう方法である.常微分方程式の場合には,

$$D = \frac{d}{dt}$$

とおいて,これを **微分演算子** と呼ぶ.この記号により例えば $Dx^n = nx^{n-1}$, $D\sin x = \cos x$ などと書くことができる.また,$\dfrac{d^2}{dt^2}x = \dfrac{d}{dt}\dfrac{d}{dt}x$ なので,$\dfrac{d^2}{dt^2}x = DDx$ であるが,これを D^2x と書く.同様に $\dfrac{d^k}{dt^k} = D^k$ である.

　こうすると,n 階の定数係数常微分方程式

$$\frac{d^n}{dt^n}x + c_1\frac{d^{n-1}}{dt^{n-1}}x + \cdots + c_n x = 0$$

は

$$D^n x + c_1 D^{n-1}x + \cdots + c_n x = 0$$

と書くことができるが,これをさらに

$$(D^n + c_1 D^{n-1} + \cdots + c_n)x = 0$$

とまとめることにより,左辺を $(D^n + c_1 D^{n-1} + \cdots + c_n)$ という演算子が関数 x に作用していると読みかえることができる.演算子法のポイントは,ここ

で D をあたかも普通の文字のようにみなして $(D^n + c_1 D^{n-1} + \cdots + c_n)$ を因数分解してしまおうという発想である．

◈例 4.27

$$\frac{d^2x}{dt^2} - 3\frac{dx}{dt} + 2x = 0 \tag{4.15}$$

という方程式を考えよう．演算子で書いて「因数分解」すると，

$$D^2x - 3Dx + 2x = (D^2 - 3D + 2)x = (D-2)(D-1)x = 0$$

となる．因数分解をしてもよいことは，

$$(D-2)(D-1)x = (D-2)(Dx - x) = D^2x - 2Dx - Dx + 2x$$

よりわかり，また $(D-2)(D-1) = (D-1)(D-2)$ も成立する．

因数分解より，もし関数 x が $(D-1)x = 0$ をみたすならば，もとの微分方程式の解であることがわかる．$(D-2)x = 0$ をみたす場合も同様である．さらに，$(D-1)x_1 = 0$ をみたす x_1 と $(D-2)x_2 = 0$ をみたす x_2 に対して，$x = C_1x_1 + C_2x_2$ という線形和を作ると，これも解であることが

$$\begin{aligned}(D-2)(D-1)x &= C_1(D-2)(D-1)x_1 + C_2(D-2)(D-1)x_2 \\ &= 0 + C_2(D-1)(D-2)x_2 = 0\end{aligned}$$

よりわかる．

そこで，一般に $(D-a)x = 0$ となる x は何かと考えると，

$$(D-a)x = 0 \quad \Leftrightarrow \quad Dx = ax$$

となることから，$x(t) = e^{at}$ とおけばよいことがわかる．

よって (4.15) の解は $C_1e^t + C_2e^{2t}$ となるが，これは前節までの行列を用いる解法と同じ答えになっている．実際，(4.15) を

$$\begin{cases} \dfrac{dx}{dt} = y \\[2ex] \dfrac{dy}{dt} = -2x + 3y \end{cases}$$

と書き直すと，行列表現で

$$\begin{pmatrix} \dot{x} \\ \dot{y} \end{pmatrix} = \begin{pmatrix} 0 & 1 \\ -2 & 3 \end{pmatrix} \begin{pmatrix} x \\ y \end{pmatrix}$$

となるが，この行列の固有値は確かに 1 と 2 になっている．固有方程式は

$$\lambda^2 - 3\lambda + 2 = (\lambda - 1)(\lambda - 2) = 0$$

となり，作用素がみたす式と同等である．

　一般に n 階線形常微分方程式は n 個の連立線形方程式に変換され，その解空間が n 次元であることを考えると，演算子 $(D^n + c_1 D^{n-1} + \cdots + c_n)$ の因数分解が重根をもたない場合には，上の方法で解がすべて見つかることがわかる．

　重根 $(D - a)^k$ をもつ場合を考えよう．まず積の微分法より

$$D(e^{at}x) = D(e^{at})x + e^{at}Dx = ae^{at}x + e^{at}Dx$$
$$= e^{at}(D + a)x$$

が成立し，これより

$$(D - a)(e^{at}x) = e^{at}Dx \tag{4.16}$$

が従うことに注意しよう．(4.16) を適用すると，

$$(D - a)^k x = (D - a)^k(e^{at}e^{-at}x) = (D - a)^{k-1}e^{at}D(e^{-at}x)$$

となる．右辺にふたたび (4.16) を適用すると

$$(D - a)^{k-1}e^{at}D(e^{-at}x) = (D - a)^{k-2}e^{at}D^2(e^{-at}x)$$

が得られ，以下繰り返し (4.16) を適用することで，

$$(D - a)^k x = e^{at}D^k(e^{-at}x)$$

がわかる．したがって，

$$(D - a)^k x = 0 \quad \Leftrightarrow \quad D^k(e^{-at}x) = 0$$

となる. よって, 適当な定数 $C_1, C_2, \ldots, C_{k-1}$ により

$$e^{-at}x = C_1 + C_2 t + \cdots + C_{k-1} t^{k-1}$$

すなわち

$$x(t) = e^{at}(C_1 + C_2 t + \cdots + C_{k-1} t^{k-1})$$

と書けることがわかった. これは $(D-a)^k x = 0$ の一次独立な解として

$$e^{at}, \; te^{at}, \; t^2 e^{at}, \ldots, \; t^{k-1} e^{at}$$

がとれることを意味している[3].

◆**例 4.28**　微分方程式

$$\frac{d^3 x}{dt^3} - 3\frac{dx}{dt} + 2x = 0$$

を考えよう. 微分演算子で表現すると

$$(D^3 - 3D + 2)x = 0$$

である.

$$(D^3 - 3D + 2) = (D-1)^2(D+2)$$

より, 解は e^t, te^t, e^{-2t} の一次結合となり,

$$x(t) = C_1 e^t + C_2 t e^t + C_3^{-2t}$$

と書ける.

---

[3] ジョルダン細胞の指数関数を求めた定理 4.13 と比較せよ.

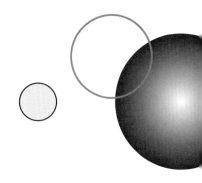

第5章

基本定理

　微分方程式に対する「そもそも解が存在するのか」「解は一つに決まるのか」という問いは，概念的にも応用面でも重要である．前章までの議論でもこれらの問題に断片的に触れてきたが，求積法により解が具体的に構成できる方程式を主に扱っていたため，「存在するか」は大きな問題にはなっていなかった．

　これからの後半の章では，具体的に解を構成することが不可能な微分方程式を扱っていく．具体的に書けない解に対して，その性質を議論したり，近似する方法を考えたりするのである．したがって，議論が成立するためには具体的に構成することなしに解の存在を示さなくてはならない．

　どんな微分方程式に対しても解の存在が保証できるわけではない．例えば，不連続なベクトルをでたらめに指すようなベクトル場だと，連続な解は存在することができない（図 5.1）[1]．ベクトル場を「この場所に来たら車を矢印の向きに時速 100 キロで走らせてください」という指示だと思うと，解を見つけることは，指示通りの向き・速度で運転する方法を見つけることにあたる．指示がむちゃくちゃだと，その通りに走れない可能性があることは自然に想像できるであろう．

　では v がどのくらい「良い」ベクトル場であれば解の存在や一意性を示すこ

---

[1]図の上に表示できるのは有限個のベクトルだけなので，図だけでベクトル場が不連続かどうか判定することは，本当はできない．図 5.1 に対応するような，非常に激しく変化するものの連続なベクトル場も存在しうるが，ここではあくまで不連続な場のイメージ図だと思ってほしい．

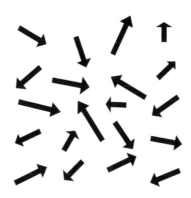

図 5.1　でたらめなベクトル場

とができるのか．その条件を以下ではみていこう．

5.1　存在と一意性

　解の存在を証明する方法はいくつかあるが，本書では以下の構成を用いる．

　相空間 $\mathbb{R}^n$ 上で定義されたベクトル場 $v(t, x)$ を考える．このとき，C^1 級の関数 $x(t)$ が微分方程式

$$\frac{dx}{dt} = v(t, x) \tag{5.1}$$

の $x(t_0) = x_0$ をみたす解であることと，$x(t)$ が方程式

$$x(t) = x_0 + \int_{t_0}^{t} v(s, x(s))\, ds \tag{5.2}$$

をみたすことは同値である．方程式 (5.2) を (5.1) に付随する **積分方程式** と呼ぶ．

問題 5.1　$x(t)$ を C^1 級関数とするとき，(5.1) と (5.2) が同値であることを示せ．

　もとの微分方程式よりも，付随する積分方程式のほうが解析しやすいので，以下では (5.2) の解の存在を考えよう．基本的な方針は，適当に与えた関数をだんだん真の解に近づけるような操作を構成して，その操作の極限として解を見つけようというものである．

関数 $x : \mathbb{R} \to \mathbb{R}^n$ で $x(t_0) = x_0$ をみたすものに対して，新しい関数 $\mathcal{P}(x) :$ $\mathbb{R} \to \mathbb{R}^n$ を

$$\mathcal{P}(x)(t) = x_0 + \int_{t_0}^{t} v(s, x(s)) ds \tag{5.3}$$

によって定義する．括弧が多くてわかりにくいが，左辺は関数 $\mathcal{P}(x)$ の t での値を意味する．こうして得られた $\mathcal{P}(x)$ も，もとの x と同じく $t = t_0$ で値 x_0 をとる，すなわち $\mathcal{P}(x)(t_0) = x_0$ をみたす．関数 x に関数 $\mathcal{P}(x)$ を対応させる写像 $\mathcal{P}$ を **ピカール写像** と呼ぶ．

もし関数 x がピカール写像で不変である，すなわち $\mathcal{P}(x) = x$ をみたすとすると，(5.3) の左辺は $x(t)$ となり，積分方程式 (5.2) そのものである．よって，積分方程式の解の存在を示すためには，ピカール写像で不変な関数 x を見つければよいことになる．

幾何学的にいうと，ピカール写像は与えられた関数 x と，微分方程式の真の解とのずれを修正する写像になっている．実際，ピカール写像の定義より

$$\frac{d}{dt}(\mathcal{P}(x) - x) = v(t, x(t)) - \dot{x}(t) \tag{5.4}$$

であるが，もし x が解であれば右辺は 0 となる．ピカール写像は，$\mathcal{P}(x)$ を

$$\frac{d}{dt}\mathcal{P}(x) = \dot{x}(t) + (v(t, x(t)) - \dot{x}(t))$$

となるように，すなわち $\mathcal{P}(x)$ の速度ベクトルが $\dot{x}(t)$ と (5.4) の右辺の和になるように構成するのである．図 5.2 はピカール写像に定数関数 $x(t) = x_0$ を入力した様子である．斜線の傾きでその付近での $v(t, x(t))$ を表している．

例えば微分方程式

$$\frac{dx}{dt} = x$$

に対してピカール写像の方法を適用してみよう．ベクトル場は $v(t, x) = v(x) = x$ である．初期値を $t_0 = 0$ とし，近似の出発点となる関数は $\psi_0(t) = 1$ という定数関数とする．この ψ_0 にピカール写像を施すと，

$$\mathcal{P}(\psi_0)(t) = 1 + \int_0^t v(\psi_0(t)) \, dt = 1 + \int_0^t v(1) \, dt = 1 + \int_0^t 1 \, dt = 1 + t$$

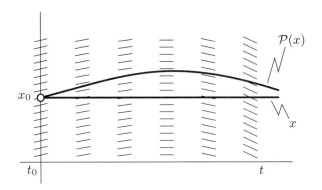

図 5.2　ピカール写像

となる．これを $\psi_1 = \mathcal{P}(\psi_0)$ とおくと，$\psi_1(t) = 1 + t$ である．さらに ψ_1 に
ピカール写像を適用すると，

$$\mathcal{P}(\psi_1)(t) = 1 + \int_0^t v(\psi_1(t))\,dt$$
$$= 1 + \int_0^t v(1+t)\,dt = 1 + \int_0^t (1+t)\,dt = 1 + t + \frac{t^2}{2}.$$

この関数を ψ_2 とおき，以下順次 $\psi_3, \psi_4, \dots$ を構成すると，

$$\psi_n(t) = 1 + t + \frac{t^2}{2} + \cdots + \frac{t^n}{n!}$$

となることが帰納的に示される．指数関数の定義

$$e^t = 1 + t + \frac{t^2}{2} + \cdots$$

を思い出すと，関数列 $\psi_1, \psi_2, \dots$ は解 $x(t) = e^t$ のテイラー近似そのものに他
ならない（図 5.3）．

このように，ピカール写像を用いれば微分方程式の解に収束する列が作れそ
うであるが，このことをきちんと証明するためには，生成される関数列が収束
することを確認しなくてはならない．以下そのための準備作業を進めよう．

写像 $f : M \to M$ に対して，その**不動点**とは $f(p) = p$ となるような点，す
なわち f の作用によって動かない点のことをいう．この言葉を使うと，微分方

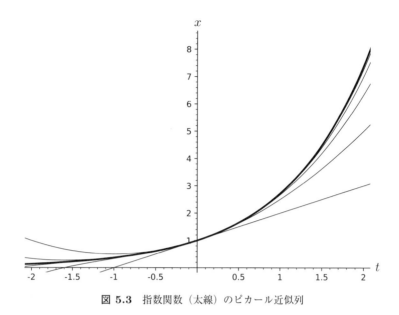

図 5.3 指数関数（太線）のピカール近似列

程式の解の存在を示すためには，ピカール写像の不動点を探せばよいと言うことができる．

　写像の不動点を探すときに，とても役に立つ概念を定義しよう．

定義 5.2　空間 M は距離 $\delta : M \times M \to \mathbb{R}$ をもつ距離空間とする[2]．このとき写像 $f : M \to M$ が **縮小写像** であるとは，ある定数 $0 \le \lambda < 1$ が存在して，

$$\delta(f(p), f(q)) \le \lambda \delta(p, q)$$

が任意の $p, q \in M$ に対して成立することをいう．

---

[2]関数 $\delta : M \times M \to \mathbb{R}$ が M 上の距離であるとは，任意の $x, y, z \in M$ に対して

(1) $\delta(x, y) \ge 0$ 　　　　　　　　　(2) $\delta(x, y) = 0$ ならば $x = y$

(3) $\delta(y, x) = \delta(x, y)$ 　　　　　　(4) $\delta(x, y) + \delta(y, z) \ge \delta(x, z)$

が成立することである．ユークリッド空間 $\mathbb{R}^n$ における普通の距離 $d : \mathbb{R}^n \times \mathbb{R}^n \to \mathbb{R}$

$$d(x, y) = \sqrt{(x_1 - y_1)^2 + (x_2 - y_2)^2 + \cdots + (x_n - y_n)^2}$$

のもつ性質を一般化したものなので，不慣れな読者はユークリッド空間をイメージして読めばよい．

　以下では写像 f の n 回合成を f^n と書くことにする. すなわち, $f^2(p) = f(f(p))$, $f^3(p) = f(f(f(p))), \ldots$ である. この記法では $f^n = f \circ \cdots \circ f$ であって, 通常の積 $f \times \cdots \times f$ ではないので注意する.

問題 5.3　縮小写像は連続であることを示せ.

$\boxed{\text{定理 5.4}}$　空間 M は距離 δ により完備距離空間であるとする[3]. このとき $f : M \to M$ が縮小写像ならば, f はただ一つの不動点をもつ. また, 任意の $p \in M$ に対して, 点列

$$p, f(p), f^2(p), \ldots$$

は f の不動点に収束する.

証明　任意に $p \in M$ を選び, $\delta(p, f(p)) = d$ とおく. 縮小写像であることから,

$$\delta(f(p), f^2(p)) \leq \lambda\delta(p, f(p)) = \lambda d$$

が成立し, 以下帰納的に f を適用すると

$$\delta(f^n(p), f^{n+1}(p)) \leq \lambda^n d$$

が示される. 級数 $\displaystyle\sum_{n=1}^{\infty} \lambda^n$ が収束することから, 任意の $\epsilon > 0$ に対して十分大きな N をとると, $N < m_0 < m_1$ なる任意の m_0, m_1 に対して $\displaystyle\sum_{n=m_0}^{m_1} \lambda^n \leq \epsilon$ となるようにできる. このことから点列 $f^n(p)$ はコーシー列となる. いま M が完備なので, 任意のコーシー列は収束し, よって

$$\lim_{n \to \infty} f^n(p) = p_0$$

---

[3] 距離空間 M が完備であるとは, M 内の任意のコーシー点列がある <u>M の点</u> に収束することをいう. 以下では微分方程式の解を点列の収束先として構成するので, この性質がないと証明が成立しない. 実数全体の集合 $\mathbb{R}$ は完備であるが, 有理数の集合 $\mathbb{Q}$ は完備ではない. 無理数に収束する有理数の数列を考えると, その収束先は $\mathbb{Q}$ からはみ出してしまい, $\mathbb{Q}$ の中には存在しない.

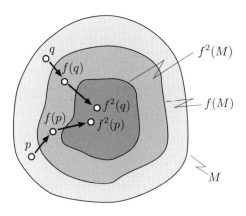

図 5.4 縮小写像

が存在する．この p_0 に対して f を適用すると，f が連続であることから

$$f(p_0) = f\left(\lim_{n\to\infty} f^n(p)\right) = \lim_{n\to\infty} f(f^n(p)) = \lim_{n\to\infty} (f^{n+1}(p)) = p_0$$

が成立し，よって p_0 は f の不動点である．また不動点が p と q と二つあっ
たとすると，

$$\delta(p,q) = \delta(f(p), f(q)) \le \lambda\delta(p,q)$$

となり，いま $\lambda < 1$ なので $\delta(p,q) = 0$ でなくてはならない．すなわち $p = q$
となる．よって f の不動点はただ一つしかない（図 5.4）． ∎

　解の存在と一意性を示すために縮小写像と共に重要な概念が次のリプシッツ
連続性である[4]．

定義 5.5 　写像 $f : \mathbb{R}^n \to \mathbb{R}^m$ は，ある定数 L が存在して，任意の $p, q \in \mathbb{R}^n$
に対して

$$\|f(p) - f(q)\| \le L\|p - q\|$$

が成立するとき，**リプシッツ連続性**をみたすといい，定数 L を**リプシッツ定数**
と呼ぶ．

---

[4]実は解の存在だけならば $v(t,x)$ のリプシッツ連続性は不要で，単に連続であればよい．リプシッ
ツ連続性は一意性を示すために必要になる．

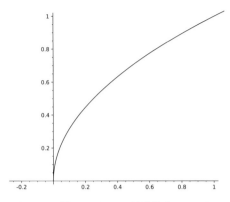

図 5.5 $\sqrt{x}$ はリプシッツ連続性をみたさない

リプシッツ連続性は，写像によって引きおこされる距離の倍率が点 p, q によらず一様に定数 L で押さえられることを意味する．リプシッツ連続性をみたす基本的な例は線形写像 $A : \mathbb{R}^n \to \mathbb{R}^m$ である．実際，線形写像に対してはそのノルム

$$\|A\| = \sup_{v \in \mathbb{R}^n \setminus \{0\}} \frac{\|Av\|}{\|v\|}$$

が定まるが，この $\|A\|$ をリプシッツ定数とするリプシッツ連続性を A はみたす．

逆にどのような定数に対してもリプシッツ連続性をみたさない関数として，$f(x) = \sqrt{x}$ がある（図 5.5）．傾き $\dfrac{df}{dx}$ は $x \to 0$ で無限大に発散してしまうので，点 x, y を 0 に近づけると距離の倍率

$$\frac{|\sqrt{x} - \sqrt{y}|}{|x - y|}$$

はいくらでも大きくなってしまう．関数は $x = 0$ では微分できないことに注意しよう．

問題 5.6 リプシッツ連続性をみたす関数は連続であることを示せ．

C^r 級写像に対しては，以下のように微分のノルムを用いてリプシッツ連続性を確認することができる．

定理 5.7 $f : V \to \mathbb{R}^n$ を有界で凸な閉集合 $V \subset \mathbb{R}^m$ 上で定義された C^r 級写像とする．このとき，f は V 上で

$$L = \sup_{p \in V} \|df(p)\|$$

をリプシッツ定数とするリプシッツ連続性をみたす．ただし，ここで $df(p)$ は写像 f の点 p におけるヤコビ行列である．

証明 まず，f が C^r 級であることから，ヤコビ行列 df は点 p に関する連続関数となり，そのノルムも連続となることに注意しよう．このことから，コンパクトな集合 V 上で $\|df(p)\|$ は最大値 L をとる．

任意に $p, q \in V$ を選ぶ．V は凸集合なので，p, q を直線

$$r(t) = p + t(q - p)$$

で結ぶことができる．すると，$\dfrac{dr}{dt} = q - p$ より

$$f(q) - f(p) = \int_0^1 \frac{d}{dx} f(r(\tau)) \, d\tau = \int_0^1 (df(r(\tau)))(q - p) \, d\tau$$

が従う．したがって，

$$\|f(q) - f(p)\| = \left\| \int_0^1 (df(r(\tau)))(q - p) \, d\tau \right\| \leq \int_0^1 L\|q - p\| \, d\tau = L\|q - p\|$$

となり，定理が示された． ■

さて，以上の準備のもとに，微分方程式の解の問題に戻ろう．解の存在を示すために，ピカール写像により構成される関数列が収束することを不動点定理により示したい．だが，不動点定理を用いるためには考える空間が完備距離空間でないといけない．空間にぽっかり穴が空いていると，収束する先にあるはずの解がないという事態も起きうるのである．

定理 5.8 有界閉区間 $I = [t_0 - \epsilon, t_0 + \epsilon]$ から $\mathbb{R}^n$ への連続写像 ψ であって，ある定数 $C > 0$ に対し

$$\|\psi(t) - x_0\| \leq C|t - t_0|$$

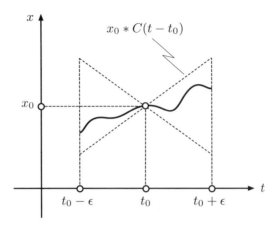

図 **5.6** X に含まれる関数

をすべての $t \in I$ でみたすものの集合を $X = X(x_0, t_0, \epsilon, C)$ とする（図 5.6）.
このとき，X 上の距離 $d : X \times X \to \mathbb{R}$ を

$$d(\psi, \phi) = \max_{t \in I} \|\psi(t) - \phi(t)\|$$

で定義すると，X は完備距離空間となる.

証明　集合 X に含まれる関数の列 $\{\psi_n\}$ が距離 d によりコーシー列であると
しよう. このとき，区間 I 上での距離 d による収束は一様収束であることか
ら，ψ_n は連続関数 $\psi : I \to \mathbb{R}^n$ に一様収束している. 示すべきことは $\psi \in X$
である. もし $\psi \notin X$ とすると，ある $t_* \in I$ が存在して

$$\|\psi(t_*) - x_0\| > C|t_* - t_0|$$

となる. いま $\psi_n \to \psi$ なので，十分大きな n をとれば

$$\|\psi_n(t_*) - x_0\| > C|t_* - t_0|$$

となってしまう. これは $\psi_n \in X$ に矛盾する. ∎

　さて，以上の準備により，ピカール写像が縮小写像であることを示すことが
できる.

定理 5.9 連続なベクトル場 $v(t, x)$ は有界閉区間 $I = [t_0 - \epsilon, t_0 + \epsilon]$ と $\mathbb{R}^n$ の有界閉集合

$$B = \{x \in \mathbb{R}^n \mid \|x - x_0\| \leq \delta\}$$

の直積 $I \times B$ 上で定義され，x に関してリプシッツ連続であるとする．そのリプシッツ定数を L とする．また $I \times B$ 上での $\|v(t, x)\|$ の最大値を C とする．このとき $\epsilon L < 1$ であればピカール写像

$$\mathcal{P} : \psi \mapsto x_0 + \int_{t_0}^{t} v(s, \psi(s)) \, ds$$

は $X = X(x_0, t_0, \epsilon, C)$ からそれ自身への縮小写像である．

証明 まず $\mathcal{P}(\psi) \in X$ を示そう．関数 $\mathcal{P}(\psi)$ が t に関する連続関数であることは ψ の連続性と，$\mathcal{P}$ の定義より従う．また，

$$\|\mathcal{P}(\psi)(t) - x_0\| = \left\|\int_{t_0}^{t} v(s, \psi(s)) \, ds\right\| \leq \left|\int_{t_0}^{t} \|v(s, \psi(s))\| \, ds\right|$$

$$\leq \left|\int_{t_0}^{t} C \, ds\right| \leq C|t - t_0|$$

なので，$\mathcal{P}(\psi) \in X$ である．

次に $\mathcal{P}$ が縮小写像であることを示す．任意に $\psi, \phi \in X$ をとると

$$\|(\mathcal{P}(\psi) - \mathcal{P}(\phi))(t)\| = \left\|\int_{t_0}^{t} (v(s, \psi(s)) - v(s, \phi(s))) ds\right\|$$

$$\leq \left|\int_{t_0}^{t} L\|\psi(s) - \phi(s)\| ds\right|$$

$$\leq \left|\int_{t_0}^{t} L \cdot d(\psi, \phi) ds\right|$$

$$= |t - t_0| L \cdot d(\psi, \phi) \leq \epsilon L \cdot d(\psi, \phi)$$

がすべての $t \in I$ で成立する．よって，

$$d(\mathcal{P}(\psi), \mathcal{P}(\phi)) = \max_{t \in I} \|\mathcal{P}(\psi) - \mathcal{P}(\phi)\| \leq \epsilon L \cdot d(\psi, \phi)$$

なので，$\epsilon L < 1$ ならば $\mathcal{P}$ は縮小写像である． ∎

定理 5.10 　連続なベクトル場 $v(t, x)$ は (t_0, x_0) を中心とする長方形領域で
定義され，x に関してリプシッツ連続とする．このとき，ある $\epsilon > 0$ が存在し，
微分方程式

$$\frac{dx}{dt} = v(t, x)$$

の解 $x(t)$ で，$t \in [t_0 - \epsilon, t_0 + \epsilon]$ に対して定義され，$x(t_0) = x_0$ をみたすもの
がただ一つ存在する．

証明　定数 C を長方形領域での $\|v(t, x)\|$ の最大値とする．定理 5.9 により，
十分小さな $\epsilon > 0$ をとれば，$\mathcal{P}$ が $X = X(x_0, t_0, \epsilon, C)$ 上の縮小写像となり，
X 内にただ一つの不動点をもつ．これが微分方程式の解である．また，初期条
件 $x(t_0) = x_0$ をみたす任意の解は（$t \in [t_0 - \epsilon, t_0 + \epsilon]$ に制限すると）X に含
まれなければならないので，他に解が存在しないこともわかる．　■

　解の一意性のためにはリプシッツ連続性が本質的である．連続ではあるがリ
プシッツ連続ではない場合，一意性は一般に成立しない．

◆**例 5.11**　微分方程式

$$\frac{dx}{dt} = x^{2/3}$$

を初期条件 $x(0) = 0$ で考えてみよう．任意の実数に対して x の 3 乗根が連続
に定義できることから，右辺は連続関数である．ただし $x = 0$ で微分可能では
なく，リプシッツ連続でもない．定数関数 $x(t) = 0$ は初期条件をみたす解で
あるが，それ以外に

$$x(t) = \begin{cases} 0 & (t \leq 0) \\ \dfrac{t^3}{27} & (t > 0) \end{cases}$$

とおいても，同じ初期条件をみたす解になっている（図 5.7）．

　解の一意性がない場合，例 5.11 でみたように軌道は枝分かれを起こす．どち
らの枝も解なので，数学的には対等である．このことは，微分方程式を用いて
未来を予測しようという場合に大きな問題となる．初期条件を決めても，未来

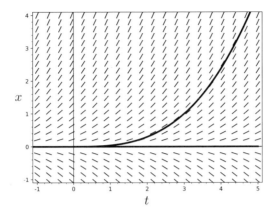

図 5.7 解の一意性がない

の様子が決まらなくなってしまうのである. そのため, 何かの現象を記述している微分方程式には解の一意性をもっていることを要求することが多い. 前にも述べたように, 偏微分方程式に対して解の一意性を保証するのは一般に難しい問題であるが, 常微分方程式の場合には, 定理 5.10 の仮定であるリプシッツ連続性を確認すればよいだけなので, そんなに難しくない.

さて, 定理 5.10 により局所的な解の存在と一意性が示されたが, 実は少し強い次の定理も同様に示すことができる.

定理 5.12 連続なベクトル場 $v(t, x)$ は (t_0, x_0) を中心とする長方形領域で定義され, x に関してリプシッツ連続とする. このとき, ある $\epsilon > 0$ と x_0 の近傍 V が存在し, 任意の $\xi \in V$ に対して $t \in [t_0 - \epsilon, t_0 + \epsilon]$ で定義された微分方程式

$$\frac{dx}{dt} = v(t, x)$$

の解 $x(t)$ で, $x(t_0) = \xi$ となるものがただ一つ存在する.

この定理の証明は以下のような方針で行なえる (詳しくは [1] の §31 などを参照のこと). まず定理 5.8 で構成した X を次のようにおきかえる. 閉区間 $I = [t_0 - \epsilon, t_0 + \epsilon]$ と $B = \{x \in \mathbb{R}^n \mid \|x - x_0\| \le \delta\}$ に対し, 連続写像

$$\psi : I \times B \to \mathbb{R}^n$$

であって，ある定数 $C > 0$ に対し

$$\|\psi(t,x)\| \leq C|t - t_0|$$

を $I \times B$ 上でみたすものの集合を $X = X(t_0, x_0, \epsilon, \delta, C)$ とする．このとき，X 上の距離 $d : X \times X \to \mathbb{R}$ を

$$d(\psi, \phi) = \max_{(t,x) \in I \times B} \|\psi(t,x) - \phi(t,x)\|$$

で定義すると，X は完備距離空間となることが定理 5.8 と同様に示せる．ピカール写像の代わりに

$$\mathcal{Q} : \psi(t,x) \mapsto \int_{t_0}^{t} v(\tau, x + \psi(\tau, x)) \, d\tau$$

という写像を考える．ピカール写像のときと同様，ϵ, δ が十分に小さければ $\mathcal{Q}$ が X 上の縮小写像となり，不動点をもつことが示せる．いま $\psi(t,x)$ を $\mathcal{Q}$ の不動点とし，

$$\phi(t,x) = x + \psi(t,x)$$

とおく．定義域は $t \in I$, $x \in B$ である．すると X の定義より $\|\psi(t_0, x)\| \leq C|t_0 - t_0| = 0$ なので，$\phi(t_0, x) = x$ である．また，

$$\frac{\partial}{\partial t}\phi(t,x) = \frac{\partial}{\partial t}\psi(t,x) = \frac{\partial}{\partial t}\int_{t_0}^{t} v(\tau, x + \psi(\tau, x)) \, d\tau = v(t, \phi(t))$$

となるので，$\phi(t,x)$ は x を止めたとき初期値 $\phi(t_0, x) = x$ をみたす微分方程式の解である．

5.2　初期値とパラメータに関する解の依存性

微分方程式のもつパラメータや初期値を変化させたときに，解がどのように変化するかを考察する．ここで微分方程式のもつパラメータとは，例えば

$$\frac{dx}{dt} = \lambda x$$

における λ のように，方程式に含まれる独立変数以外の変数である．パラメータ λ を変化させると，同じ初期値を与えても解は当然異なってくる．そのときに，解が λ に関して連続になるか，さらに微分可能になるかを考える．一般に微分方程式は複数のパラメータをもつことがある．パラメータが k 個ある場合には，それらをまとめて $\lambda \in \mathbb{R}^k$ で表すことにする．

まずは次の補題を証明しよう．

補題 5.13 （グロンウォールの補題）　閉区間 $[a, b]$ で定義された連続関数 $\psi(x)$ が，定数 $C > 0$ と $K > 0$ に対して

$$\psi(x) \le C + K \int_a^x \psi(y)\, dy \tag{5.5}$$

をみたすとすると，

$$\psi(x) \le Ce^{K(x-a)}$$

が $a \le x \le b$ で成立する．

証明　関数 $\phi(x)$ を

$$\phi(x) = C + K \int_a^x \psi(y)\, dy$$

と定義する．仮定より $\psi(x) \le \phi(x)$ なので，

$$\frac{d\phi}{dx}(x) = K\psi(x) \le K\phi(x)$$

となる．よって，

$$\frac{d}{dx}\left(\phi(x)e^{-K(x-a)}\right) = \frac{d\phi}{dx}(x)\, e^{-K(x-a)} - K\phi(x)e^{-K(x-a)}$$
$$= \left(\frac{d\phi}{dx}(x) - K\phi(x)\right)e^{-K(x-a)} \le 0$$

となり，$\phi(x)e^{-K(x-a)}$ という関数は x に関し単調非増加である．このことから $x \ge a$ のとき

$$\phi(x)e^{-K(x-a)} \le \phi(a)e^{-K(a-a)} = \phi(a) = C.$$

したがって

$$\psi(x) \leq \phi(x) \leq Ce^{K(x-a)}$$

が成立する.   ■

定理 5.14 (**パラメータに関する解の連続性**) パラメータ $\lambda \in \mathbb{R}^k$ に依存する微分方程式

$$\frac{dx}{dt} = v(t, x, \lambda)$$

が (t_0, x_0) を中心とする閉長方形領域 $I \times B$ $(I \subset \mathbb{R}, \ B \subset \mathbb{R}^n)$ で定義されている. いま v はパラメータ λ の値によらず一様にリプシッツ連続性

$$\|v(t, x, \lambda) - v(t, y, \lambda)\| \leq L\|x - y\|$$

を $t \in I$ と $x, y \in B$ に対しみたすとする. このとき, 方程式の解を $x(t, \lambda)$ と書くと x は t, λ の連続関数である.

証明 解が $t = t_0$ の近くで局所的に存在して t に関して連続であることは前節の結果より従う. 解が λ に関して連続であることをみよう. 二つのパラメータ λ, λ_0 に対する解 $x(t, \lambda)$ と $x(t, \lambda_0)$ を考える. これらのみたす微分方程式

$$\frac{d}{dt}x(t, \lambda) = v(x(t, \lambda), t, \lambda), \quad \frac{d}{dt}x(t, \lambda_0) = v(x(t, \lambda_0), t, \lambda_0)$$

を t_0 から t まで積分し, 初期条件 $x(t_0, \lambda) = x(t_0, \lambda_0) = x_0$ により積分定数を定めると,

$$x(t, \lambda) = x_0 + \int_{t_0}^{t} v(t, x(t, \lambda), \lambda)\, ds,$$

$$x(t, \lambda_0) = x_0 + \int_{t_0}^{t} v(t, x(t, \lambda_0), \lambda_0)\, ds$$

となる. 二つの解の差を考えると,

$$\|x(t,\lambda) - x(t,\lambda_0)\| = \left\| \int_{t_0}^{t} (v(s,x(s,\lambda),\lambda) - v(s,x(s,\lambda_0),\lambda_0))\,ds \right\|$$

$$\leq \left\| \int_{t_0}^{t} (v(s,x(s,\lambda),\lambda) - v(s,x(s,\lambda),\lambda_0))\,ds \right\| \quad (5.6)$$

$$+ \left\| \int_{t_0}^{t} (v(s,x(s,\lambda),\lambda_0) - v(s,x(s,\lambda_0),\lambda_0))\,ds \right\| \quad (5.7)$$

という式が得られる．(5.7) の項はリプシッツ連続性より

$$\left\| \int_{t_0}^{t} (v(s,x(s,\lambda),\lambda_0) - v(s,x(s,\lambda_0),\lambda_0))\,ds \right\| \leq L \int_{t_0}^{t} \|x(s,\lambda) - x(s,\lambda_0)\|\,ds$$

と評価することができる．(5.6) を評価するために

$$\omega(\lambda) = \sup_{t \in I, x \in B} \|v(t,x,\lambda) - v(t,x,\lambda_0)\|$$

とおこう．いま v が連続で $I \times B$ がコンパクトなので，$\omega(\lambda)$ は有限の値をとる．したがって，区間 I の半径を α とおく ($I = [t_0 - \alpha, t_0 + \alpha]$) と，(5.6) 式は $\omega(\lambda)\alpha$ を越えることはない．よって

$$\|x(t,\lambda) - x(t,\lambda_0)\| \leq \omega(\lambda)\alpha + L \int_{t_0}^{t} \|x(s,\lambda) - x(s,\lambda_0)\|\,ds$$

が成立する．ここで $\psi(x) = \|x(t,\lambda) - x(t,\lambda_0)\|$ に対して補題 5.13 を適用すると，

$$\|x(t,\lambda) - x(t,\lambda_0)\| \leq \omega(\lambda)\alpha \cdot e^{L|t-t_0|}$$

を得る．いま $\lambda \to \lambda_0$ とすると $\omega(\lambda) \to 0$ なので，これより x が λ について連続であることが従う． ■

定理 5.15（パラメータに関する解の微分可能性）　パラメータ $\lambda \in \mathbb{R}^k$ に依存する微分方程式

$$\frac{dx}{dt} = v(t,x,\lambda)$$

が (t_0, x_0) を中心とする閉長方形領域 $I \times B$ ($I \subset \mathbb{R}, B \subset R^n$) で定義されている．いま v は x およびパラメータ λ について C^1 級であると仮定する．こ

のとき，方程式の解を $\psi(t, \lambda)$ と書くと ψ は定義される範囲において t, λ について C^1 級である．さらに，$\lambda = (\lambda_1, \lambda_2, \ldots, \lambda_k) \in \mathbb{R}^k$ のある成分 λ_ℓ による ψ の偏微分係数を $\dfrac{\partial \psi}{d\lambda_\ell} = y$ とおくと $y = (y_1, \ldots, y_n) = \left(\dfrac{\partial \psi_1}{d\lambda_\ell}, \ldots, \dfrac{\partial \psi_n}{d\lambda_\ell} \right)$ は線形微分方程式

$$\frac{dy_i}{dt} = \sum_{j=1}^{n} \frac{\partial v_i}{\partial x_j}(t, \psi(t, \lambda), \lambda) y_j + \frac{\partial v_i}{\partial \lambda_\ell}(t, \psi(t, \lambda), \lambda) \tag{5.8}$$

の初期値 $y(t_0) = 0$ をみたす解である．

微分方程式 (5.8) を $i = 1, \ldots, n$ に対してまとめると

$$\begin{pmatrix} \dot{y}_1 \\ \dot{y}_2 \\ \vdots \\ \dot{y}_n \end{pmatrix} = \begin{pmatrix} \frac{\partial v_1}{\partial x_1} & \frac{\partial v_1}{\partial x_2} & \cdots & \frac{\partial v_1}{\partial x_n} \\ \frac{\partial v_2}{\partial x_1} & \frac{\partial v_2}{\partial x_2} & \cdots & \frac{\partial v_2}{\partial x_n} \\ \vdots & \vdots & \ddots & \vdots \\ \frac{\partial v_n}{\partial x_1} & \frac{\partial v_n}{\partial x_2} & \cdots & \frac{\partial v_n}{\partial x_n} \end{pmatrix} \begin{pmatrix} y_1 \\ y_2 \\ \vdots \\ y_n \end{pmatrix} + \begin{pmatrix} \frac{\partial v_1}{d\lambda_\ell} \\ \frac{\partial v_2}{d\lambda_\ell} \\ \vdots \\ \frac{\partial v_n}{d\lambda_\ell} \end{pmatrix}$$

であり，v の x に関するヤコビ行列を用いて表されることに注意しよう．

証明　記号の節約のため，パラメータは 1 次元 ($k = 1$) として証明する．一般の場合も同様である．二つのパラメータ値 $\lambda \neq \lambda_0$ に対して，

$$\Psi(t, \lambda, \lambda_0) = \frac{\psi(t, \lambda) - \psi(t, \lambda_0)}{\lambda - \lambda_0}$$

とおく．$\lambda \to \lambda_0$ のときにこの値が収束すれば，それが解のパラメータ微分に他ならない．

関数 $\psi(t, \lambda)$ は t で微分できるので，Ψ も t で微分できる．実際，

$$\begin{aligned} \frac{\partial \Psi}{\partial t}(t, \lambda, \lambda_0) &= \frac{\frac{\partial \psi}{\partial t}(t, \lambda) - \frac{\partial \psi}{\partial t}(t, \lambda_0)}{\lambda - \lambda_0} \\ &= \frac{v(t, \psi(t, \lambda), \lambda) - v(t, \psi(t, \lambda_0), \lambda_0)}{\lambda - \lambda_0} \end{aligned} \tag{5.9}$$

である．ここで新たにパラメータ s を導入して，右辺の分子の各成分を

$$v_i(t, \psi(t, \lambda), \lambda) - v_i(t, \psi(t, \lambda_0), \lambda_0) = \int_0^1 \frac{d}{ds} v_i(t, \phi(s), \mu(s)) \, ds$$

と積分で書く. ただし,

$$\phi(s) = \psi(t, \lambda_0) + s(\psi(t, \lambda) - \psi(t, \lambda_0)), \quad \mu(s) = \lambda_0 + s(\lambda - \lambda_0)$$

とおいた. 積分を計算すると,

$$\int_0^1 \frac{d}{ds} v_i(t, \phi(s), \mu(s)) ds$$

$$= \int_0^1 \left\{ \sum_{j=1}^n \frac{\partial v_i}{\partial x_j}(t, \phi(s), \mu(s)) \frac{\partial \phi_j}{\partial s} + \frac{\partial v_i}{\partial \lambda}(t, \phi(s), \mu(s)) \frac{\partial \mu}{\partial s} \right\} ds$$

$$= \int_0^1 \left\{ \sum_{j=1}^n \left(\frac{\partial v_i}{\partial x_j}(t, \phi(s), \mu(s)) \right) (\psi_j(t, \lambda) - \psi_j(t, \lambda_0)) \right\} ds$$

$$\quad + \int_0^1 \left(\frac{\partial v_i}{\partial \lambda}(t, \phi(s), \mu(s)) \right) (\lambda - \lambda_0) \, ds$$

$$= \sum_{j=1}^n \left\{ \left(\int_0^1 \frac{\partial v_i}{\partial x_j}(t, \phi(s), \mu(s)) \, ds \right) (\psi_j(t, \lambda) - \psi_j(t, \lambda_0)) \right\}$$

$$\quad + \left(\int_0^1 \frac{\partial v_i}{\partial \lambda}(t, \phi(s), \mu(s)) ds \right) (\lambda - \lambda_0)$$

$$= \sum_{j=1}^n \left\{ \left(\int_0^1 \frac{\partial v_i}{\partial x_j}(t, \phi(s), \mu(s)) \, ds \right) \Psi_j(t, \lambda, \lambda_0) \right\} (\lambda - \lambda_0)$$

$$\quad + \left(\int_0^1 \frac{\partial v_i}{\partial \lambda}(t, \phi(s), \mu(s)) ds \right) (\lambda - \lambda_0)$$

となる. 最後の等式では Ψ の定義より $\psi(t, \lambda) - \psi(t, \lambda_0) = \Psi(t, \lambda, \lambda_0)(\lambda - \lambda_0)$ が成立することを用いた. この結果を (5.9) に代入することにより, 関数 Ψ が二つのパラメータ λ, λ_0 をもつ線形微分方程式

$$\frac{\partial \Psi}{\partial t}(t, \lambda, \lambda_0) = A(t, \lambda, \lambda_0) \Psi(t, \lambda, \lambda_0) + B(t, \lambda, \lambda_0) \tag{5.10}$$

をみたすことがわかった. ただし, ここで行列 $A(t, \lambda, \lambda_0) = (A_{ij}(t, \lambda, \lambda_0))$ とベクトル $B(t, \lambda, \lambda_0) = (B_i(t, \lambda, \lambda_0))$ は

$$A_{ij} = \int_0^1 \frac{\partial v_i}{\partial x_j}(t, \phi(s), \mu(s)) \, ds, \quad B_i = \int_0^1 \frac{\partial v_i}{\partial \lambda}(t, \phi(s), \mu(s)) \, ds$$

により定義される. もともとの Ψ の定義では $\lambda \neq \lambda_0$ とおいたが, 方程式 (5.10) は $\lambda = \lambda_0$ も含めて定義されていることに注意する. また, 仮定より v は C^1 級なので, A や B は t, λ, λ_0 に関して ($\lambda = \lambda_0$ まで含めて) 連続である. よって定理 5.14 を用いると解 Ψ が t, λ, λ_0 に関して連続であることがわかる. したがって

$$\lim_{\lambda \to \lambda_0} \frac{\psi(t, \lambda) - \psi(t, \lambda_0)}{\lambda - \lambda_0} = \lim_{\lambda \to \lambda_0} \Psi(t, \lambda, \lambda_0) = \Psi(t, \lambda_0, \lambda_0)$$

となり, ψ はパラメータに関して連続微分可能であることがわかった. また, $\lambda = \lambda_0$ のとき, (5.10) は定理が主張する (5.8) に他ならない. ∎

微分方程式

$$\frac{dx}{dt} = v(t, x), \quad x(\tau) = \xi \tag{5.11}$$

の解で $t = \tau$ で $x = \xi$ を通るという初期値をみたすものを $x(t, \tau, \xi)$ と書くと, x は t の他に τ と ξ も変数としてもつ関数だと考えることができる. そのとき, x が τ, ξ に関して連続になるか, また τ, ξ で微分できるかを問題にしたい.

実は, 上に述べたパラメータに対する連続性や微分可能性があると, そこから τ, ξ に対する連続性や微分可能性も得られるのである. そのために, $\lambda = (\tau, \xi)$ とおいて,

$$g(t, x, \lambda) = v(t + \tau, x + \xi)$$

というベクトル場を定義し, 初期値問題

$$\frac{dx}{dt} = g(t, x, \lambda), \quad x(0) = 0 \tag{5.12}$$

を考える. いま (5.11) の解を $x_1(t)$, (5.12) の解を $x_2(t)$ とすると,

$$x_1(t) = x_2(t - \tau) + \xi$$

が常に成り立つ. よって x_2 に対してパラメータ λ に対する連続性が成立するならば x_1 も τ, ξ に関して連続であり, また x_2 がパラメータ λ で微分できるならば, x_1 も τ, ξ に関して微分できる.

以下に定理としてまとめておこう.

定理 5.16 （初期値に関する解の連続性） 微分方程式

$$\frac{dx}{dt} = v(t,x)$$

を考える $(x \in \mathbb{R}^n)$. いま v はリプシッツ連続性

$$\|v(t,x) - v(t,y)\| \leq L\|x - y\|$$

をみたすとする. このとき, 方程式の初期値 $x(\tau) = \xi$ をみたす解を $x(t,\tau,\xi)$ と書くと x は t,τ,ξ の連続関数である.

定理 5.17 （初期値に関する解の微分可能性） 微分方程式

$$\frac{dx}{dt} = v(t,x)$$

を考える. ここで $t \in I = [a,b]$, $x \in \mathbb{R}^n$ であり, v は x について C^1 級であると仮定する. このとき初期値問題 $x(\tau) = \xi \in \mathbb{R}^n$ をみたす解を $\psi(t,\tau,\xi)$ と書くと, ψ は定義される範囲において t,τ,ξ について C^1 級である. さらに, $\xi = (\xi_1, \xi_2, \ldots, \xi_n) \in \mathbb{R}^n$ のある成分 ξ_ℓ, もしくは τ による ψ の偏微分を $y = (y_1, y_2, \ldots, y_n)$ とおくと, y は微分方程式

$$\begin{pmatrix} \dot{y}_1 \\ \dot{y}_2 \\ \vdots \\ \dot{y}_n \end{pmatrix} = \begin{pmatrix} \frac{\partial v_1}{\partial x_1} & \frac{\partial v_1}{\partial x_2} & \cdots & \frac{\partial v_1}{\partial x_n} \\ \frac{\partial v_2}{\partial x_1} & \frac{\partial v_2}{\partial x_2} & \cdots & \frac{\partial v_2}{\partial x_n} \\ \vdots & \vdots & \ddots & \vdots \\ \frac{\partial v_n}{\partial x_1} & \frac{\partial v_n}{\partial x_2} & \cdots & \frac{\partial v_n}{\partial x_n} \end{pmatrix} \begin{pmatrix} y_1 \\ y_2 \\ \vdots \\ y_n \end{pmatrix} \tag{5.13}$$

の解である. ただし初期値は

$$\begin{cases} y = \dfrac{d\psi}{d\xi_\ell} \text{ のとき} & y_\ell(\tau) = 1, \ y_i(\tau) = 0 \ (i \neq \ell) \\[2mm] y = \dfrac{d\psi}{d\tau} \text{ のとき} & y(\tau) = -v(\tau, \xi) \end{cases}$$

とする.

微分方程式 (5.13) はベクトル y を ψ の ξ_ℓ, もしくは τ による偏微分のいずれかとしたときに成立する定理であるが, これを

$$
y = \frac{\partial \psi}{\partial \xi_1}, \ \frac{\partial \psi}{\partial \xi_2}, \ \cdots, \ \frac{\partial \psi}{\partial \xi_n}
$$

の場合についてまとめて書くと, 行列に関する微分方程式が得られる. すなわち, ψ の ξ に関するヤコビ行列

$$
J(t) = \begin{pmatrix}
\frac{\partial \psi_1}{\partial \xi_1} & \frac{\partial \psi_1}{\partial \xi_2} & \cdots & \frac{\partial \psi_1}{\partial \xi_n} \\
\frac{\partial \psi_2}{\partial \xi_1} & \frac{\partial \psi_2}{\partial \xi_2} & \cdots & \frac{\partial \psi_2}{\partial \xi_n} \\
\vdots & \vdots & \ddots & \vdots \\
\frac{\partial \psi_n}{\partial \xi_1} & \frac{\partial \psi_n}{\partial \xi_2} & \cdots & \frac{\partial \psi_n}{\partial \xi_n}
\end{pmatrix}
$$

は, 微分方程式

$$
\frac{dJ}{dt} = \begin{pmatrix}
\frac{\partial v_1}{\partial x_1} & \frac{\partial v_1}{\partial x_2} & \cdots & \frac{\partial v_1}{\partial x_n} \\
\frac{\partial v_2}{\partial x_1} & \frac{\partial v_2}{\partial x_2} & \cdots & \frac{\partial v_2}{\partial x_n} \\
\vdots & \vdots & \ddots & \vdots \\
\frac{\partial v_n}{\partial x_1} & \frac{\partial v_n}{\partial x_2} & \cdots & \frac{\partial v_n}{\partial x_n}
\end{pmatrix} J
$$

をみたす. これを微分方程式 $\dot{x} = v(t, x)$ の解 $\psi(t, \tau, \xi)$ に沿った **変分方程式** という.

5.3　解の延長

解が初期値の近くで局所的に存在することは前節までで示されたが, ではその解 $x(t)$ はどのような範囲の t に対し存在するのであろうか.

微分方程式

$$
\dot{x} = v(x) \tag{5.14}
$$

で, 右辺の $v(x)$ は領域 $U \subset \mathbb{R}^n$ 上で定義され, リプシッツ連続性をみたしているものを考える. 初期値を $x(t_0) = x_0$ とすると, 解の存在定理より t_0 を内部に含む閉区間 $I = [\tau_1, \tau_2]$ が存在して, その上で定義された解が存在する. これを $\psi_0(t)$ としよう. 閉区間 I の右端に注目して, 今度は初期値を $x(\tau_2) = \psi_0(\tau_2)$ とおくと, やはり解の存在定理より, τ_2 を内部に含む閉区間 $J = [\sigma_1, \sigma_2]$ が

存在して，その上で定義された解 $\psi_1(t)$ が存在する．区間 $I \cap J$ 上では $\psi_0(t)$ と $\psi_1(t)$ の双方が定義されているが，解の一意性があるため，$I \cap J$ 上では $\psi_0(t) = \psi_1(t)$ となる．そこで，$\psi(t)$ を I 上では $\psi_0(t)$，J 上では $\psi_1(t)$ として定義すると，ψ は I 上では ψ_0 に一致する解であり，しかも ψ より広い定義域をもっている．この ψ を ψ_0 の右への **解の延長** という．同様に，I の左端 τ_1 で別の局所解へとつなげると，左への解の延長を得ることができる．

直感的にはこうして解をつなげることで，どこまでも解は拡がっていくように思える．しかし，例 3.4 でみた爆発する解のように，有限時間で無限大に飛んでいってしまう場合もある．この場合，局所解が存在できる区間の大きさがどんどん小さくなり，爆発時間を越えて解を延長することはできない．

次の定理は，解は時間についてどこまでも延長できるか，もしくは有限の時間で考えている領域の境界に到達してしまうかのどちらかであることを示している．

定理 5.18 U のコンパクトな部分集合 K を任意にとる．初期値を $t = t_0$ で $x_0 \in K$ とした (5.14) の解 $x(t)$ は，任意の $t > t_0$ に対して定義されるか，もしくはある $T \geq t_0$ が存在して，$x(T) \in \partial K$ となる．ここで ∂K は集合 K の境界をさす．時間を後方に戻すときも同様で，$x(t)$ は任意の $t < t_0$ に対して定義されるか，もしくはある $T \leq t_0$ が存在して，$x(T) \in \partial K$ となる．

証明 時間を右に延長する場合のみを証明する．左に延長する場合も同様である．T を集合

$$\{t \in \mathbb{R} \mid \psi(t_0) = x_0 をみたす解が [t_0, t] で定義され，\psi([t_0, t]) \subset K\}$$

の上限とする．

もし $T = \infty$ であれば，$x(t)$ は任意の $t > t_0$ に対して定義される．

$T < \infty$ としよう．示すべきことは，$[t_0, T]$ で定義された解 ψ で $\psi(T) \in \partial K$ となるものの存在である．

まず $K \subset U$ なので，K の各点 ξ に対してある ϵ_ξ と ξ の近傍 V_ξ が存在し，任意の $\zeta \in V_\xi$ を $t = t_0$ での初期値とする解が区間 $[t_0 - \epsilon_\xi, t_0 + \epsilon_\xi]$ 上で

存在するようにできる（定理 5.12 より）．K はこのような V_ξ たちで被覆され
るが，コンパクト性より有限な部分被覆がとれる．有限個の V_ξ に対応する ϵ_ξ
のうち最小のものを ϵ とすると，K 内の任意の点を初期値とする解は，最低で
も $[t_0 - \epsilon, t_0 + \epsilon]$ の上で定義される．

　T の定義から，$T - \epsilon < \tau < T$ なる τ をとると，区間 $[t_0, \tau]$ で $\psi_0(t_0) = x_0$
をみたす解 ψ_0 が定義され，$\psi_0([t_0, \tau]) \subset K$ である．特に $\psi_0(\tau) \in K$．よっ
て，$t = t_0$ で初期値 $\psi_0(\tau)$ を通る解が $[t_0 - \epsilon, t_0 + \epsilon]$ 上で定義される．方程式が
自励系であることから，解は時間に関して平行移動できるので，区間の中心を t_0
から τ まで動かして，初期値 $\psi_1(\tau) = \psi_0(\tau)$ をみたす解 ψ_1 を $[\tau - \epsilon, \tau + \epsilon]$ 上
で構成する．ψ_0 を ψ_1 により延長して得られる解を ψ とすると，ψ は $[t_0, \tau + \epsilon]$
上で定義されている．特に $\tau + \epsilon > T$ であることに注意しよう（図 5.8）．解
$\psi(t)$ の連続性から，$\psi(T) \in K$ が成立する．実際，$\psi(T) \in K^c$ とすると（K^c
は K の補集合），T を含むある開区間上で ψ の像が K に含まれないことにな
り，T の定義に矛盾する．またやはり T の定義から，任意の $T < \tau' < \tau + \epsilon$
に対し，区間 $[T, \tau']$ より $\psi(t) \in K^c$ となる t を選ぶことができる．$\psi(T)$ は
そのような $\psi(t)$ の極限なので，K^c の閉包に含まれる．よって $\psi(T) \in \partial K$ で
ある．　　　　　　　　　　　　　　　　　　　　　　　　　　　■

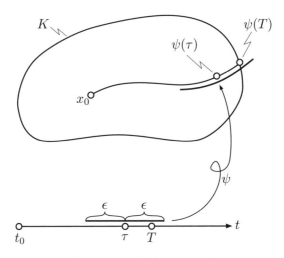

図 5.8　∂K を越える ψ の延長

解が爆発しないことを保証する十分条件を一つあげよう.

| 定理 5.19 | 線形同次常微分方程式 $\dot{x} = A(t)x(t)$ において,A は区間 $I \subset \mathbb{R}$ 上で定義され連続とする $(x \in \mathbb{R}^n)$.このとき,任意の解 $x(t)$ は I 全体に延長できる.

証明 I に含まれる任意の閉区間 $J = [t_*, t^*]$ をとる.J はコンパクトなので,

$$A_0 = \max_{t \in J} \|A(t)\|$$

が定まる.局所解の存在定理より,初期値を $t_0 \in J$ で $x_0 \in \mathbb{R}^n$ と選んだ解 $x(t)$ が存在する.この $x(t)$ が右に t^* まで延長できることを示そう.左への延長も証明は同じである.

微分方程式 $\dot{x} = A(t)x(t)$ の両辺を積分した積分方程式

$$x(t) = x_0 \int_{t_0}^{t} A(t)x(t)\, dt$$

を用いると,不等式

$$\|x(t)\| \leq \|x_0\| + A_0 \int_{t_0}^{t} \|x(\tau)\| d\tau$$

が得られる.グロンウォールの補題(補題 5.13)を用いると

$$\|x(t)\| \leq \|x_0\| e^{A_0(t - t_0)} \tag{5.15}$$

が得られる.この不等式は $x(t)$ が延長できる範囲の t ではすべて成り立つ.集合 K を

$$K = \{(t, x) \mid t_0 \leq t \leq t^*,\ \|x\| \leq \|x_0\| e^{A_0(t^* - t_0)}\}$$

と定義すると,K はコンパクトで $(t_0, x_0) \in K$ である.新たな独立変数 s を導入して自励系に変換した方程式

$$\frac{dx}{ds} = v(t, x), \quad \frac{dt}{ds} = 1 \tag{5.16}$$

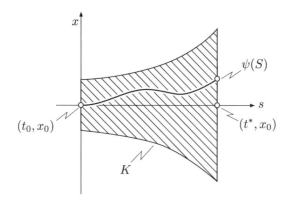

図 5.9 集合 K と解曲線 $\psi(s)$

を考え,初期値を $s = 0$ で $x(0) = x_0$, $t(0) = t_0$ とする.これは K を相空間とする方程式だと思える.定理 5.18 を用いると,(5.16) の解 $\psi(s)$ は無限に延長できるか,ある S で $\psi(S) \in \partial K$ となる.いまの場合,$t(s)$ は s に関して単調増加であり,やがて K から出てしまうので,前者は起きない.よってある S があって $\psi(S) \in \partial K$ であるが,不等式 5.15 のため $\psi(t)$ の解は K の側面と交わることはない(図 5.9).よって $\psi(S)$ は K の側面 $t = t^*$ に含まれる.よって $S = t^*$ であり,(5.16) の解は $t = t^*$ まで延長された.この自励系方程式はもとの $\dot{x} = A(t)x(t)$ と同値なので題意は示された. ■

5.4 直線化定理

本章では常微分方程式の基本定理を紹介してきたが,最後に流れの構造を幾何学的に理解するうえで重要な定理を紹介する.

1 階の自励系正規形微分方程式

$$\frac{dx}{dt} = v(x)$$

を考えよう.ここで $x \in \mathbb{R}^n$ であり,右辺は $\mathbb{R}^n$ 上のベクトル場である.

$v(x)$ と $w(x)$ を $\mathbb{R}^n$ 上のベクトル場とするとき,点 ξ において $v(x)$ と $w(x)$ が同値であるとは,ある ξ の近傍 U と,U 上で定義された微分同相写像 $\Phi : U \to \Phi(U)$ で $\Phi(\xi) = \xi$ なるものが存在して,$x \in U$ に対し

$d\Phi(v(x)) = w(\Phi(x))$ をみたすこととする．ここで $d\Phi$ は写像 Φ の微分であるが，いまは x に関する Φ のヤコビ行列 $\dfrac{\partial \Phi}{\partial x}$ と思ってよい．

いま Φ を座標変換 $y = \Phi(x)$ とみなそう．もし $x(t)$ が $\dot{x} = v(x)$ をみたす解だとすると，

$$\frac{dy}{dt} = \frac{dy}{dx}\frac{dx}{dt} = d\Phi(v(x)) = w(\Phi(x)) = w(y)$$

なので，y は微分方程式 $\dot{y} = w(y)$ をみたす．すなわち，座標変換により $\dot{x} = v(x)$ が $\dot{y} = w(y)$ に変換されたということである．

同値なベクトル場を見つけることにより，なるべく簡単な方程式に変換できれば解析も楽になる．実は，ベクトル場の平常点 $(v(x) \neq 0)$ においては，いつでも最も簡単な形に変換できるのである．

定理 5.20 （**直線化定理**） 平常点 x_0 の近傍では，ベクトル場 $v(x)$ は定数ベクトル場 $e_1 = (1, 0, \ldots, 0)$ と同値である．

もし $v(x)$ が x によらない定数ベクトル場 $v(x) = v_0$ ならば，各点 x から生えているベクトルにすべて同じ回転を施して e_1 にできる（座標変換 f として線形写像がとれる）．定理が主張するのは，v が定数でなくともうまく座標を取り替えることによって，新しい座標では真っ直ぐな定数ベクトル場に見えるようになるということである．直線化定理は英語では flow box theorem ともいう．これは，直線化によって図 5.10 のように軌道たちが綺麗な箱状の領域

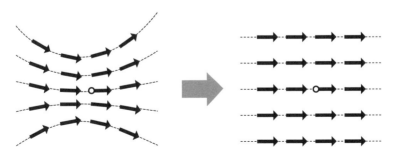

図 5.10 直線化定理

を流れるようになることからついた名前である.

証明　まず x と t を平行移動することにより, 考える初期値は $x(0) = 0$ であるとしよう. また, 適当に空間を回転することにより, 原点におけるベクトル場は $v(0) = e_1 = (1, 0, \ldots, 0)$ であると仮定してよい. このとき, ベクトル場の生成する流れ $\Psi^t : \mathbb{R}^n \to \mathbb{R}^n$ を用いて, 座標変換 $\Phi : y \mapsto x$ を

$$x = \Phi(y_1, y_2, \ldots, y_n) = \Psi^{y_1}(0, y_2, \ldots, y_n) \tag{5.17}$$

と定める. 先ほどとは逆に Φ は y から x への変換であることに注意しよう. 明らかに $\Phi(0) = 0$ であり, また Φ は $(0, y_2, \ldots, y_n)$ を通り y_1 軸に平行な直線を, 微分方程式 $\dot{x} = v(x)$ の解曲線に写像する. 定理 5.17 によると Φ は微分可能である. また流れの定義から, (5.17) の右辺を y_1 で微分すると,

$$\frac{d}{dy_1}\Phi(y) = \frac{d}{dy_1}\Psi^{y_1}(0, y_2, \ldots, y_n) = v(\Psi^{y_1}(0, y_2, \ldots, y_n)) = v(\Phi(y))$$

となる. よって Φ のヤコビ行列は

$$D\Phi(y) = \left(v(\Phi(y)), \frac{\partial \Phi}{\partial y_2}, \ldots, \frac{\partial \Phi}{\partial y_n} \right)$$

である (右辺は列ベクトルを n 本並べた表記である). また

$$v(\Phi(0)) = v(0) = e_1$$

であることと, 定理 5.17 を用いると $D\Phi(0)$ が単位行列であることもわかる. よって逆関数定理より Φ は $y = 0$ の近くで局所的に微分同相写像となる. さらに, $D\Phi(y)$ の形より

$$D\Phi(y)e_1 = v(\Phi(y)) = v(x)$$

が, Φ が定義される範囲の y で成立する. このことから, 微分方程式 $\dot{y} = e_1$ が Φ により $\dot{x} = v(x)$ に変換されることがわかる. ■

　直線化定理から平常点の近傍ではベクトル場の形は 1 種類しかないが, 特異点のまわりではベクトル場は多様な異なる様子を見せる (7.3 節).

解の存在と一意性，初期値に関する微分可能性を用いて直線化定理を証明したが，逆に直線化定理からこれらの基本定理を示すこともできる．以下では直線化定理を認めて，そこから他の基本定理を導けることをみよう．直線化定理を用いると証明の幾何学的な構造はとても明快になる．

定理 5.21 滑らかな v に対する微分方程式 $\dot{x} = v(x)$ において，任意の初期値 $x(t_0) = x_0$ の近傍で解が存在する．

証明 $v(x_0) = 0$ の場合にはすべての $t \in \mathbb{R}$ に対して $x(t) = x_0$ とおくと，これは確かに $x(t_0) = x_0$ をみたす解になっている．$v(x_0) \neq 0$ の場合には，直線化定理によりある x_0 の近傍が存在して，その中ではベクトル場は定数ベクトル場 $\dot{y} = e_1$ と同値になる．定数ベクトル場 e_1 に対しては，そのただ一つの解が $y(t) = y_1 t$ であることは簡単に示せるので，座標変換を与える可微分同相写像でそれを引き戻すことにより，$x(t)$ が構成できる．ここで t の範囲は $x(t)$ が直線化定理の成立する近傍の中に留まる範囲である．∎

証明から，平常点の近くでは解の一意性も既に示されていることに注意する．解が一意性を失って分岐する可能性があるのは特異点のまわりだけということになるが，実はベクトル場が滑らかならば特異点のまわりでも一意性が成立する．そのことを示すために，以下の定理を準備しよう．

定理 5.22 (**非自励系に対する直線化定理**) 常微分方程式 $\frac{dx}{dt} = f(t, x)$ を初期値 $x(t_*) = x_*$ のもとで考える．f が x, t に関して滑らかであるとすると，拡大相空間 $\mathbb{R} \times \mathbb{R}^n$ における (t_*, x_*) の近傍 U および可微分同相写像 $h : U \to W \subset \mathbb{R} \times \mathbb{R}^n$ が存在して，h により $\frac{dx}{dt} = f(t, x)$ と W 上で定義された微分方程式

$$\frac{dy}{dt} = 0$$

が同値になる．

証明 新たな変数 s を導入して，t は s の関数であるとし，(t, x) を未知関数，

s を時間とする微分方程式

$$\frac{dt}{ds} = 1, \qquad \frac{dx}{ds} = f(t, x)$$

を考えよう．すると最初の方程式は x を含まないので独立に解けて，$t(s) = s + C$ となる．初期値を $s_* = t_*$ で $t(s_*) = t_*$ となるようにとると積分定数が消えて $t(s) = s$ とできる．変数をまとめて $X = (t, x) \in \mathbb{R}^{n+1}$ としてベクトル場で表すと，

$$\frac{dX}{ds} = (1, f(t, x))$$

と書ける．この右辺のベクトルは最初の成分が 1 なので，常に 0 ではない．よって特に $(t_*, x_*) \in \mathbb{R}^{n+1}$ はこのベクトル場の平常点である．ここで自励系に対する直線化定理を使うと，ある (t_*, x_*) の近傍が存在して，そこで方程式は次のような解と同値になる．すなわち，新しい変数 $\bar{y} = (y_0, y_1, \ldots, y_n)$ により

$$\frac{d\bar{y}}{ds} = (1, 0, 0, \ldots, 0) \in \mathbb{R}^{n+1}$$

と書かれる方程式の $\bar{y} = (0, 0, \ldots, 0)$ 近くの解と同値になる．さらに $y = (y_1, \ldots, y_n)$ とおくと，求める方程式になる． ∎

　新しい変数のもとでの方程式 $\dot{y} = 0$ ではすべての点が不動点となるので，任意のベクトル場がこのような方程式に変換されるのは少し不思議かもしれないが，実は点の動きは座標変換 $h : \mathbb{R} \times \mathbb{R}^n \to \mathbb{R} \times \mathbb{R}^n$ のほうに取り込まれているのである．自励系の直線化定理の場合と異なり，この h は時間に依存する変数変換であることに注意しよう．方程式 $\dot{y} = 0$ に対して解の存在と一意性が成立するのは簡単な微積分の演習問題である．よってこれにより，特異点のまわりも含めて解の存在と一意性が成立することが示せた．

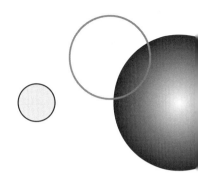

第6章

近似解法

　前章でみた基本定理により，常微分方程式はかなり緩い仮定のもとで解の存在を示すことができる．しかし，これまで繰り返し強調してきたように，解が存在するからといってその解の関数型が具体的に求まるとは限らない．そんなときはどうしたらよいだろうか．この章で扱う近似解法がそのための手法で，関数の具体的な表示がわからずとも，その関数に十分近い関数がわかればよい，もしくは関数の値を十分に精度よく求めることができればよいという考えかたである．

　常微分方程式

$$\frac{dx}{dt} = v(t, x) \tag{6.1}$$

で初期値を $x(t_0) = x_0$ とおいた初期値問題に対して，近似的に「解らしきもの」を構成することを試みよう．最も粗い近似はすべての t で

$$X_0(t) = x_0$$

とした定数関数 X_0 であろう．t が変化しても初期値 x_0 から x は全く動かない，すなわち未来の値は現在の値と同じであるという推定をしたことになる．この X_0 は (6.1) の解ではないが，右辺を 0 とおいた

$$\frac{dx}{dt} = 0$$

と初期値 $x(t_0) = x_0$ に対する初期値問題の解になっている．あまりにも粗い

近似ではあるが，(6.1) の真の解が連続関数だとすると，少なくとも $t = t_0$ の近くでは真の解との近似になっている．これを第 0 次近似と呼ぼう．次に第 1 次近似として考えるべきは，

$$X_1(t) = x_0 + (t - t_0)\, v(t_0, x_0)$$

である．初期時刻 $t = t_0$ における変化率 $v(t_0, x_0)$ がずっと続く，すなわち未来の変化率は現在の変化率と同じであるという推定をしたことになる．この X_1 は (6.1) の右辺を定数 $v(t_0, x_0)$ におきかえた

$$\frac{dx}{dt} = v(t_0, x_0)$$

と初期値 $x(t_0) = x_0$ に対する初期値問題の解になっている．

　1 次近似 X_1 は，0 次近似 X_0 よりも微分方程式の右辺 v に関する多くの情報を用いて定義されており，より広い範囲で良い近似を与えると期待できる．しかし，X_1 の構成に用いるのは初期値 (t_0, x_0) における局所的な情報のみであり，当然のことながら軌道が初期値から遠くに離れると近似と真の軌道が近くにいる保証はない．

　そこで，さらに良い近似を考えよう．この先には自然に二つの方針が考えられる．一つは，(t_0, x_0) における $v(t_0, x_0)$ の微分たち

$$\frac{d}{dx}v(t_0, x_0), \quad \frac{d^2}{dx^2}v(t_0, x_0), \quad \frac{d^3}{dx^3}v(t_0, x_0), \ldots$$

を求めて，その情報を用いて近似解を作ろうというものである．初期値 (t_0, x_0) における局所的な情報しか用いない点では 1 次近似と同じであるが，微分という操作により関数 v のより詳しい情報を引き出そうという方針である．この近似をどんどん高い階数で行なって，解関数のテイラー級数を導き出すのが 6.1 節で扱う **級数解法** である．

　もう一つの方針は，近似に用いるのは 1 次関数のままだが，$v(t, x)$ の情報を軌道に沿った多くの点で求めて，そのたびに 1 次関数の傾きを修正しようというものである．時間 Δt ごとに $v(t, x)$ の情報を取り直すとすると，求める近似関数は (t, x) 平面の上で水平方向に Δt ごとに頂点をもつ折れ線になる．この手法で $\Delta t \to 0$ とすると折れ線は真の解に収束することが期待される．これが 6.2 節で扱う **オイラー法** であり，微分方程式の解をコンピュータで数値計

算するうえで最も基本的な手法である.

6.1 級数解法

級数解法は，微分方程式の解をベキ級数の形で表現しようという手法であり，ニュートン以来の伝統をもつ．まず基本的な例として，1 階正規形の常微分方程式

$$\frac{dx}{dt} = v(t,x) \tag{6.2}$$

で，右辺の関数 v が t および x のベキ級数で表されている場合を考えよう.

最初に決めなくてはならないのは，どの初期値から解を追いかけるかということである．ここで扱う解法は，ある初期値をみたす特殊解の軌道を，その初期時刻の前後の短い時間区間で近似する方法であり，求積法のように，あらゆる初期値を通る解の挙動を時間全体で一気に表現するものではない．そこで，簡単のために時刻 $t = 0$ で初期値 $x = 0$ を通過する方程式 (6.2) の解を求めることにしよう．この初期値を考えるのは以下でベキ級数展開の表現が簡単になるからであり，他の初期値でも議論は同様である.

さて，解をベキ級数で表現するためにはベクトル場（方程式の右辺）の関数もベキ級数で表現されていないといけない．そこで (6.2) の右辺が

$$v(t,x) = \sum_{i,j=0}^{\infty} v_{i,j}\, t^i x^j \tag{6.3}$$

という $t = 0, x = 0$ を中心としたベキ級数展開をもつとしよう．このとき，もし解 $x(t)$ が $t = 0$ を中心として t のベキ級数

$$x(t) = \sum_{k=0}^{\infty} a_k t^k \tag{6.4}$$

に展開されるとする．仮定より $x(0) = 0$ なので，$a_0 = 0$ である．ベキ級数 (6.4) を微分することにより (6.2) の左辺は

$$\frac{dx}{dt} = \sum_{k=0}^{\infty} (k+1)a_{k+1}t^k \tag{6.5}$$

となる．同様に (6.2) の右辺についても，(6.3) に (6.4) を代入してやれば，t のベキ級数としての表現

$$v(t, x(t)) = \sum_{i,j=0}^{\infty} v_{i,j}\, t^i \left(\sum_{k=0}^{\infty} a_k t^k \right)^j$$

が得られる．あとは，両辺に現れた t^n の係数を比較することで，

$$a_{n+1} = \frac{1}{n+1} \sum_{i,j=0}^{\infty} v_{i,j}\, A_{n-i,j} \tag{6.6}$$

という形の漸化式が得られる．ここで右辺の $A_{n-i,j}$ は $\left(\sum_{k=0}^{\infty} a_k t^k \right)^j$ を展開したときの t^{n-i} の係数である．右辺の無限和に現れる項は有限個を除いて 0 であり，また $A_{n-i,j}$ は $a_0, a_1, \ldots, a_{n-i}$ で決まるので，(6.6) は漸化式として正しく機能し，これにより a_n が順次求まる．よって $x(t)$ のベキ級数としての表現が得られたことになる．

　これで形式的には解のベキ級数が求まったが，ベキ級数には発散してしまうものもある．この場合，その級数は意味のある関数を与えてくれない．そこで，この級数が収束していることを示したい．このような収束を示す問題では次の補題が有用である．

補題 6.1　数列 a_n と b_n が $|a_n| < b_n$ を常にみたすとする．このとき $\displaystyle\sum_{n=1}^{\infty} b_n$ が収束するならば，$\displaystyle\sum_{n=1}^{\infty} a_n$ も収束する．

証明　仮定より $\displaystyle\sum_{n=1}^{\infty} b_n$ は収束するので，その値を M とすると，

$$\sum_{n=1}^{N} |a_n| \leq \sum_{n=1}^{N} b_n \leq \sum_{n=1}^{\infty} b_n = M$$

が N によらず成立する．よって $\displaystyle\sum_{n=1}^{\infty} |a_n|$ は上に有界かつ単調増大であり，収束する．絶対収束する級数は収束するので，題意は示された．　　　■

補題の条件をみたす $\displaystyle\sum_{n=1}^{\infty} b_n$ を $\displaystyle\sum_{n=1}^{\infty} a_n$ の **優級数** という．この補題を用いると次の定理が示せる．

定理 6.2 正規形の 1 階方程式

$$\frac{dx}{dt} = v(t, x), \quad x \in \mathbb{R}^n$$

において，右辺が $(t, x) = (\tau, \xi)$ を中心に正の収束半径をもつベキ級数に展開されるとき，(6.6) によって求めたベキ級数も正の収束半径をもち，微分方程式の解となる．

証明 ここでは簡単のため $v(t, x)$ が t に依存せず，また $n = 1$ の単独方程式の場合を考えるが，定理は一般の場合にも成立する．また初期値を与える点を平行移動して $(\xi, \tau) = (0, 0)$ としておく．

状況を整理すると，いま考えているのは

$$\frac{dx}{dt} = v(x), \quad x \in \mathbb{R}, \quad x(0) = 0 \tag{6.7}$$

という初期値問題である．仮定より $v(x)$ が $x = 0$ を中心に x のベキ級数に展開される．そのベキ級数展開を

$$f(x) = \sum_{k=0}^{\infty} v_k \, x^k$$

とし，収束半径を R と書く．コーシー・アダマールの公式 ([10] の定理 2.28) より

$$\frac{1}{R} = \limsup_{k \to \infty} |v_k|^{1/k}$$

が成立するから，$0 < \rho < R$ をみたす ρ をとると，ある定数 $C > 0$ が存在して

$$|v_k| < \frac{C}{\rho^k} \tag{6.8}$$

がすべての $k > 0$ で成立するようにできる．いま $|x| < \rho$ ならばベキ級数展開

$$\frac{1}{1 - x/\rho} = 1 + \frac{x}{\rho} + \frac{x^2}{\rho^2} + \frac{x^3}{\rho^3} + \cdots$$

が成立することを思い出すと, (6.8) は

$$\frac{C}{1 - x/\rho} = C \sum_{k=0}^{\infty} \frac{x^k}{\rho^k} \tag{6.9}$$

が $f(x)$ のベキ級数展開の優級数になっていることを意味する.

ここで, 多少天下り的ではあるが, (6.9) を右辺にもつ微分方程式

$$\frac{dy}{dt} = \frac{C}{1 - y/\rho} \tag{6.10}$$

を考えよう. これは変数分離できて

$$\left(1 - \frac{y}{\rho}\right) \frac{dy}{dt} = C$$

より

$$y - \frac{y^2}{2\rho} = Ct + C_0$$

となる. ただし C_0 は積分定数である. もとの問題 (6.7) と同じ初期値 $y(0) = 0$ を与えると $C_0 = 0$ となる. さらにこの y についての 2 次方程式を解いて, $y(0) = 0$ をみたすほうの解をとると

$$y(t) = \rho - \rho\sqrt{1 - \frac{2Ct}{\rho}} \tag{6.11}$$

を得る. この表示から, $y(t)$ は $t = 0$ の近傍において 2 乗根の中が正である範囲では解析的であり, その級数展開の収束半径は

$$\frac{\rho}{2C} > 0$$

となることがわかる.

さて, もとの問題 (6.7) のベキ級数解と, (6.10) のベキ級数解をどちらも漸化式 (6.6) により構成しよう. 後者の級数は $y(t)$ の展開であり, 上に述べたことから正の収束半径をもつ. すると, 漸化式 (6.6) と不等式 (6.8) により, 後者は前者の優級数になっていることがわかる. よって補題 6.1 よりもとの問題 (6.7) のベキ級数解も収束することが示せた.

このようにして収束を示したベキ級数が本当に (6.2) の解となることは, 絶対収束する級数に対しては項別微分ができること ([10] の定理 2.36) より従う. ■

　方程式の右辺 $v(t, x)$ が t に依存する場合や $n > 1$ の場合も同じ方針で証明できるが，多変数のベキ級数展開を行なう必要があり計算は煩雑である[1]．

　高階の方程式に対しても，正規形の 1 階方程式に帰着できる場合であれば，上の定理を用いてベキ級数が収束して解になることを示せる．実際の計算においては，1 階方程式に帰着せずに，(6.5) をさらに微分した

$$\frac{d^2 x}{dt^2} = \sum_{k=0}^{\infty} (k+1)(k+2) a_{k+2} t^k$$

などを用いてベキ級数を求めるほうが簡単なことも多い．

◆**例 6.3**　微分方程式 $\dot{x} = x$ を考える．解が指数関数であることはもちろんわかっているのだが，あえてベキ級数で解を求めてみよう．方程式に (6.4) と (6.5) を代入すると

$$\sum_{k=0}^{\infty} (k+1) a_{k+1} t^k = \sum_{k=0}^{\infty} a_k t^k$$

となる．k 次項の係数を比較すると，

$$a_{k+1} = \frac{1}{k+1} a_k$$

という漸化式が得られた．これから

$$a_k = \frac{1}{k} a_{k-1} = \frac{1}{k(k-1)} a_{k-2} = \cdots = \frac{1}{k!} a_0$$

となるので，解は

$$x(t) = a_0 \sum_{k=0}^{\infty} \frac{t^k}{k!}$$

である．これは指数関数のテイラー展開に他ならない．

問題 6.4　微分方程式 $\ddot{x} = -x$ の解をベキ級数で求めよ．

---

[1]例えば É. Goursat, "A Course in Mathematical Analysis" の Volume 2, Chapter 2 を参照されたい．

◈例 6.5 正規形ではない例として，**ルジャンドル方程式**

$$(1-t^2)\frac{d^2x}{dt^2}-2t\frac{dx}{dt}+\nu(\nu+1)x=0$$

を考えよう．この方程式は 2 階の線形常微分方程式で，超幾何微分方程式と呼ばれる重要な方程式の一種である．時刻 $t=\pm1$ では 2 階微分の係数が 0 になってしまうのだが[2]，いまは初期時刻として $t=0$ を選び，その近くでの解をまず考えることにする．

解 $x(t)$ が (6.4) の形のベキ級数であるとして方程式に代入してみると，方程式の左辺は

$$(1-t^2)\sum_{k=0}^{\infty}(k+1)(k+2)a_{k+2}t^k-2t\sum_{k=0}^{\infty}(k+1)a_{k+1}t^k+\nu(\nu+1)\sum_{k=0}^{\infty}a_kt^k$$

となる．これを整理して，x^k の係数 $=0$ という方程式を立てると

$$(k+1)(k+2)a_{k+2}-(k(k+1)-\nu(\nu+1))a_k=0$$

となり，これから漸化式

$$a_{k+2}=\frac{k(k+1)-\nu(\nu+1)}{(k+1)(k+2)}a_k$$

が得られる．よって，初期値として $x(0)=a_0$ と $\dot{x}(0)=a_1$ を与えると，この漸化式からすべての a_k が求まるのである．

方程式が 2 階の線形なので，一次独立な解を二つ見つけることができれば，一般解はその線形結合で表現できる．そこで初期値として $(a_0,a_1)=(1,0)$ と $(0,1)$ を考えてみよう．

$(a_0,a_1)=(1,0)$ のとき，漸化式から a_k は k が奇数のとき 0 である．偶数の $k=2m$ $(m=1,2,\ldots)$ に対しては

$$a_2=\frac{0\cdot1-\nu(\nu+1)}{1\cdot2}a_0=\frac{-\nu(\nu+1)}{2!}$$

$$a_4=\frac{2\cdot3-\nu(\nu+1)}{3\cdot4}a_2=\frac{-\nu(\nu+1)(6-\nu(\nu+1))}{4!}$$

などと順次決まっていき，一般項は

[2] これらの t で方程式は確定特異点というタイプの特異性をもつ．

$$a_{2m} = \frac{1}{(2m)!} \prod_{j=0}^{m-1} \{2j(2j+1) - \nu(\nu+1)\} \tag{6.12}$$

と書ける．同様に $(a_0, a_1) = (0, 1)$ のとき偶数次の係数は 0 であり，奇数次 $k = 2m+1$ $(m = 1, 2, \ldots)$ の係数は

$$a_{2m+1} = \frac{1}{(2m+1)!} \prod_{j=0}^{m-1} \{(2j+1)(2j+2) - \nu(\nu+1)\} \tag{6.13}$$

となることがわかる．

　実は ν が正の偶数のときは (6.12) の $\nu+1$ 次以上の項はすべて消えてしまって，解は ν 次多項式となる．また ν が正の奇数のときは (6.13) の $\nu+1$ 次以上の項はすべて消えてしまって，解は ν 次多項式となる．これは (6.12) と (6.13) 式を用いて a_ν を求めてみればすぐわかる．このとき，解は方程式の2階微分が 0 になってしまう $t = \pm 1$ においても意味をもつ．これらの多項式解で，$t = 1$ で $x(1) = 1$ をみたすものを**ルジャンドル多項式** $P_\nu(x)$ という．最初のいくつかの $P_\nu(x)$ は

$$P_0(x) = 1, \quad P_1(x) = x, \quad P_2(x) = \frac{3x^2-1}{2}, \quad P_3(x) = \frac{5x^3-3x}{2}$$

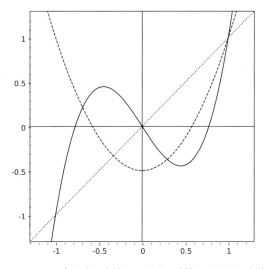

図 6.1 ルジャンドル多項式：点線は $P_1(x)$，破線は $P_2(x)$，実線が $P_3(x)$

などと求まる（図 6.1）.

6.2　数値解法

ベクトル場

$$\dot{x} = v(t, x)$$

の初期条件 $x(t_0) = x_0$ に対する初期値問題の解を近似的に求めよう. 関数の
近似を求めたい時刻を τ としよう（$t_0 < \tau$ とする）. 近似関数を区間 $[t_0, \tau]$ 上
で構成したいのだが, この区間を N 等分して, それぞれの時間区間で異なる傾
きをもつ折れ線として近似関数を構成する.

区間 $[t_0, \tau]$ の分点を

$$t_0 < t_1 < t_2 < \cdots < t_N = \tau$$

としよう. 時間間隔を $h = (\tau - t_0)/N$ と書くと, $t_i = t_0 + ih$ である. 折れ
線の最初の線分は, t_0 から t_1 までの時間区間上での 1 次近似関数

$$\xi_0(t) = x_0 + (t - t_0)\, v(t_0, x_0)$$

である. 関数 $\xi_0(t)$ の $t = t_1$ での値を x_1 とおくと, $t_1 - t_0 = h$ より

$$x_1 = x_0 + hv(t_0, x_0)$$

である. こうして得た x_1 は真の解の上にあるとは限らないが, 時間区間が十分
に短ければ真の解の近くにあると期待できる. そこで折れ線の次の線分を, 時
刻 t_1 において x_1 を通る真の解の 1 次近似である

$$\begin{aligned}
\xi_1(t) &= x_1 + (t - t_1)v(t_1, x_1) \\
&= x_0 + hv(t_0, x_0) + (t - t_1)v(t_1, x_0 + hv(t_0, x_0))
\end{aligned}$$

としよう. この関数を用いて

$$x_2 = x_1 + hv(t_1, x_1)$$

を同様に定義する. 以下同様にして漸化式

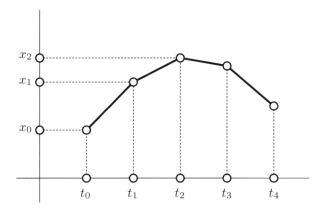

図 6.2 オイラー法

$$x_{n+1} = x_n + hv(t_n, x_n) \tag{6.14}$$

を計算してゆき，最終的に求まった x_N を，時刻 $\tau = t_N$ での解の近似値とする．これがオイラー法による近似の求め方である（図 6.2）．

◆例 6.6 ふたたび常微分方程式

$$\dot{x} = x$$

を考える．初期値 $x(0) = x_0 = 1$ をみたす解 $x(t)$ の $t = 1$ での値をオイラー法で求めてみよう．時間区間 $[0,1]$ を N 等分して計算をする．このとき $h = 1/N$ である．いまの場合，$v(t,x) = x$ なので漸化式 (6.14) は

$$x_{n+1} = x_n + \frac{1}{N}x_n = \left(1 + \frac{1}{N}\right)x_n$$

となる．漸化式を繰り返し適用して $x_0 = 1$ を代入すると，

$$x_N = \left(1 + \frac{1}{N}\right)x_{N-1} = \left(1 + \frac{1}{N}\right)^2 x_{N-2} = \cdots = \left(1 + \frac{1}{N}\right)^N$$

となる．これが分割数 N のオイラー法による $t = 1$ での値 $x(1)$ の近似である．分割を細かくして $N \to \infty$ とすると，

$$\lim_{N \to \infty} x_N = \lim_{N \to \infty} \left(1 + \frac{1}{N}\right)^N = e = x(1)$$

なので，真の値に近似値が収束していることがわかる.

　いまの例の場合，近似解が正しく真の解に収束していることが計算から簡単に示せた. しかし，微分方程式のなかには，オイラー法では追跡できない特殊解をもつものも存在する.

◆**例 6.7**　例 5.11 で扱った

$$\frac{dx}{dt} = x^{2/3}$$

を考えよう. 初期値を $x(0) = 0$ としてオイラー法を適用すると，

$$x_1 = x_0 + h \cdot v(t_0, x_0) = 0 + h \cdot 0 = 0$$

となり，以下すべての x_i が 0 になる. すなわち，オイラー法で求めた解は定数解 $x(t) = 0$ にあたる. 例 5.11 でみたように，同じ初期値をみたす解として $x(t) = t^3/27$ もあるが，オイラー法では $x(0) = 0$ からスタートしてこの解を求めることができない.

　上の例ではそもそも解の一意性が成立しない. 数値解法のアルゴリズムは同じ入力に対しては同じ出力を返すはずなので，ある初期値に対しては一つの解しか見つけることができない. したがって，数値解法で追跡できない解が存在するのは自然なことである. オイラー法が収束するための十分条件を保証をしてくれる定理として次がある（証明は [9] を参照のこと）.

> **定理 6.8**　微分方程式 $\dot{x} = v(t, x)$ の初期条件 $x(t_0) = x_0$ をみたす解 $x(t)$ の $t = \tau$ での値をオイラー法により近似する（簡単のため $\tau > t_0$ とする）. もし v が t について一様に，x に関してリプシッツ連続[3]，かつ解 $x(t)$ が C^2 級であれば，v と x に依存して決まるある定数 C が存在して，
>
> $$\max_{0 \le n \le N} |x(t_n) - x_n| \le C \cdot h$$

---

[3]ある定数 L が存在して，すべての $t \in [t_0, \tau]$ と x, y について $|v(t, x) - v(t, y)| \le L|x - y|$ が成立する.

をみたす. ただし, N は区間 $[t_0, \tau]$ の分割数, $h = (\tau - t_0)/N$ である.

定理より, オイラー法で構成した点列 $x_1, \ldots, x_N$ と真の値 $x(t_1), \ldots, x(t_N)$ の最大誤差は $h \to 0$ で 0 に収束する. すなわち, 定理の仮定をみたす微分方程式に対してはオイラー法がうまく適用できるといえる.

ただし, 解を精度良く求めるためには h を小さくしなくてはならず, そのとき N は大きくなるので, 近似を求めるために必要な計算量もそれに比例して大きくなる. 応用面ではオイラー法では遅すぎて実用に耐えないという場合もある. そこで, より誤差が早く収束する解法がいろいろ提案されている.

一般に数値解法の誤差が h^k にほぼ比例して小さくなるとき, その解法の次数は k 次であるという. オイラー法は上の定理の評価式を見ればわかるように, 1 次の方法である. 数値解法として最も一般的に用いられているのは, 次に解説する**ルンゲ・クッタ法**[4] であり, この方法の次数は 4 次になることが知られている.

ルンゲ・クッタ法でも, オイラー法と同じく区間 $[t_0, \tau]$ を N 等分して, $t = t_1, \ldots, t_N = \tau$ における近似値 $x_1, \ldots, x_N$ を逐次的に構成する. ただし, 漸化式が少し複雑であり, まず

$$
\begin{aligned}
k_1 &= v(t_n, x_n), \\
k_2 &= v\left(t_n + \frac{h}{2},\ x_n + \frac{h}{2}k_1\right), \\
k_3 &= v\left(t_n + \frac{h}{2},\ x_n + \frac{h}{2}k_2\right), \\
k_4 &= v(t_n + h,\ x_n + hk_3)
\end{aligned}
$$

という四つの値を求め,

$$
x_{n+1} = x_n + \frac{h}{6}(k_1 + 2k_2 + 2k_3 + k_4)
$$

---

[4]漸化式に用いる k_i の数をルンゲ・クッタ法の段数という. 以下で紹介するのは 4 段ルンゲ・クッタ法である. 異なる段数や, k_i たちに異なる重みづけを与えた手法もルンゲ・クッタ法と呼ばれるが, 一般にルンゲ・クッタ法といえば本節の手法を指すことが多い. 4 段ルンゲ・クッタ法は 4 次の解法になるが, いつも段数と次数が同じになるわけではない.

として漸化式を定める．オイラー法では x_n でのベクトル場 $v(t_n, x_n)$ を用い
ていたところを，k_1, k_2, k_3, k_4 の重みつき平均におきかえたものである．

問題 6.9　常微分方程式 $\ddot{x} = -x$ の解を適当な初期値に対してオイラー法とルンゲ・
クッタ法で求め，その精度を比較せよ．

6.3　数値解法の誤差について

前節で解説した手法により，解の軌道を近似的に求めることはできるが，数
値的に得られた解には様々な誤差が含まれている．一般に微分方程式の解を数
値的に求めるときに考えなくてはならない誤差には

- モデル化誤差
- 打ち切り誤差
- 丸め誤差

などがある．

モデル化誤差とは，調べている実際の現象と微分方程式が記述する数学的な
構造との差のことである．例えば第 1 章で考えた自由落下の方程式 (1.3) にお
いては，空気抵抗や重力定数の変化を無視したが，このように常微分方程式を
立てる際に主要でないと思われる効果を無視することで生じる誤差のことであ
る．本書では数理モデルの作りかたは扱わないので，モデル化誤差についても
議論しないが，実際の応用においては常に注意をしなくてはならない．

打ち切り誤差とは，オイラー法やルンゲ・クッタ法で構成した近似解と真の
解の誤差のことである．前節の議論により，刻み幅 h を小さくすれば誤差は 0
に収束することがわかっているが，現実の計算では刻み幅を無限に細かくする
ことはできない．計算機のパワーや必要な精度を考慮して適当な刻み幅を決め
ることになる．そのために残る誤差が打ち切り誤差であり，k 次の解法であれ
ば h^k に比例した大きさをもつ．また，実際に誤差の大きさを正確に評価する
ためには，解法の次数 k だけでなく，比例定数 C も厳密に評価しなくてはな
らない．詳しくは [9] などを参照のこと．

最後の丸め誤差は，コンピュータを用いる際に特有の話題である．一般に計
算機で数値を扱うときには，整数型，浮動小数点型などの数値の表現方法を指

定して，その形式で表現する．数値計算で用いられるのは主に浮動小数点型の数値である．浮動小数点型には 64 ビット浮動小数点型，128 ビット浮動小数点型などの型がある．64 や 128 といったビット数は 1 個の数値を保存するのに使用するメモリの量である．64 ビットの浮動小数点型では 2^{64} 通りの異なる数を表現できる．どのような浮動小数点型を用いるにせよ，表現できる数は有限なので，すべての実数を扱うことは当然できない．用いる浮動小数点型で表現できる数の集合を $\mathbb{F}$ とすると，$\mathbb{F}$ は有限集合で，しかも有理数の部分集合となっている．だから無理数は当然表現できないし，たとえ $x, y \in \mathbb{F}$ としても，それらの間の四則演算の結果

$$x + y, \quad x - y, \quad x \times y, \quad x/y$$

が $\mathbb{F}$ に含まれる保証はない．例えば，$\mathbb{F}$ は有限集合なので，$\mathbb{F}$ に含まれる最小の正の数 ϵ が存在するが，最小性から $\epsilon/2$ は $\mathbb{F}$ に含まれない．

では実際にコンピュータの中でどのような処理が行なわれているかというと，$\mathbb{F}$ に入らない数 x は，何らかの基準で x に最も近いと思われる $\mathbb{F}$ の数におきかえられるのである．このおきかえで生じる誤差を **丸め誤差** という．

打ち切り誤差と丸め誤差，この二つの誤差をきちんとコントロールしないと数値的に求めた解と本当の解との関係を数学的に保証することはできない．

丸め誤差は一般にモデル化誤差や打ち切り誤差より小さいが，だからといって常に無視してよいものではない[5]．丸め誤差や打ち切り誤差を注意深く扱って正しい答えを導き出す方法を一般に **精度保証付き数値計算** というが，とくに丸め誤差を扱う方法として **区間演算** が広く用いられている．

区間演算では，浮動小数点などの数そのものではなく，有限の長さをもった閉区間に対して計算を行なう．ここでは，端点が $\mathbb{F}$ の数であるような閉区間だけを考えよう．数 x が $\mathbb{F}$ に含まれない場合には，$x \in [a, b]$ となる $a, b \in \mathbb{F}$ をもってきて，x を区間 $[a, b]$ でおきかえる．

四則演算も区間同士で行なう．区間 $X = [a, b]$ と $Y = [c, d]$ で $a, b, c, d \in \mathbb{F}$ となるものを考えよう．これらの間の演算を

---

[5]丸め誤差のせいで，計算機による計算結果が真の値と全く異なってしまう有名な多項式がある (Rump の例題，[14]).

$$X \star Y := \{x \star y \mid x \in X,\ y \in Y\}$$

で定義する．ここで $\star$ は四則演算 $+,-,\times,/$ のいずれかを表す．例えば $X \times Y$ とは，X の元と Y の元の積として可能なすべての実数の集合である．これらの演算の結果は，区間の端点を用いて以下のように具体的に表示することができる．

$$X + Y = [a+c, b+d],$$

$$X - Y = [a-d, b-c],$$

$$X \times Y = [\min(ac, ad, bc, bd), \max(ac, ad, bc, bd)],$$

$$X \ / \ Y = [a, b] \times [1/d, 1/c].$$

ただし，$0 \in Y$ のときは $X \ / \ Y$ は定義されない．こうして，区間同士の演算が定義できたが，残念ながら $X \star Y$ は 丸め誤差により $\mathbb{F}$ の元とは限らない端点をもつので，そのままでは扱えない．しかし，丸めモード制御といって，浮動小数点同士の演算結果を浮動小数点に丸めるときに，真の値より大きい浮動小数点に丸めるか，小さいほうへ丸めるかの制御さえできれば，次のように有用な計算ができる[6]．

記号 $\mathtt{fl}_\triangle(\cdot)$ により，括弧内の演算を上への丸めモードで行なう，すなわち $\mathbb{F}$ の元同士の計算結果は常に真の値より大きい $\mathbb{F}$ の元へ丸められるということを示す．同様に記号 $\mathtt{fl}_\triangledown(\cdot)$ があると，括弧内の演算は下への丸めモードで行なわれるとする．これらを用いて新たな演算 $\star_\circ$ を

$$X +_\circ Y := [\mathtt{fl}_\triangledown(a+c), \mathtt{fl}_\triangle(b+d)],$$

$$X -_\circ Y := [\mathtt{fl}_\triangledown(a-d), \mathtt{fl}_\triangle(b-c)],$$

$$X \times_\circ Y := [\mathtt{fl}_\triangledown(\min(ac, ad, bc, bd)), \mathtt{fl}_\triangle(\max(ac, ad, bc, bd))],$$

$$X \ /_\circ Y := [\mathtt{fl}_\triangledown(\min(a/c, a/d, b/c, b/d)), \mathtt{fl}_\triangle(\max(a/c, a/d, b/c, b/d))]$$

で定義する．すると，簡単な議論により

$$X \star Y \subset X \star_\circ Y$$

---

[6]現在我々が普通に利用できるコンピュータは，ほぼすべてこの要請をみたしている（IEEE754 規格）．

が $\star$ をどの四則演算としても厳密に成立することが示せる.

　このように定義した演算を用いると，関数の真の値が含まれる区間を知ることができる.　例えば多項式関数 $f(x)$ に $x \in \mathbb{R}$ を入れた真の値を知りたければ，$x \in I$ なる区間 I に対して多項式 f に含まれる演算 $\star$ をすべて $\star_\circ$ におきかえた演算を施してやればよい.　こうして得られた区間を J とすると，$f(x) \in J$ が数学的に厳密に成立する.　常微分方程式の数値解法においても，近似式と誤差項の双方に対して区間演算を行なってやれば，原理的には真の解が含まれる範囲を限定できるのである.　しかし，一般に演算を繰り返すたびに区間の長さは伸びるので，最終的に得られる J がとんでもなく長い区間になってしまうこともある.　その場合 $x \in J$ から有用は情報は得られない.　区間の拡大をうまく抑えながら演算を進める技法がいろいろと研究されている.　詳しくは [14] などを参照されたい.

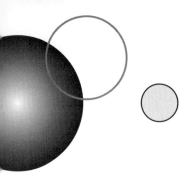

第 7 章

力学系入門

7.1 力学系とは

　力学系はよく力学と混同されるが，力学系という用語は英語の "dynamical systems" を翻訳したもので，物理学の一分野である力学 ("mechanics") を意味するものではない[1]．もちろん力学は力学系のルーツであり，最も重要な例である．だからこそ力学系という訳語が受け入れられたわけだが，実際のところ力学系理論の対象は力学に限らず，ずっと広い．

　抽象的に定義してしまうと，**力学系** とは「時間」「状態空間」「時間発展の法則」の三つ組のことである[2]．

　第 1 章で定義した流れ関数

$$\Psi : \mathbb{R} \times \mathbb{R}^n \to \mathbb{R}^n$$

が力学系の最も重要な例である．この場合，時間の集合は $\mathbb{R}$ であり，状態空間は $\mathbb{R}^n$ となる．時間発展のルールは流れ写像 Ψ そのもので与えられる．これを **連続力学系** という．2.3 節でみたように，微分可能な流れを考えることと，常微分方程式を考えることは同値なので，連続力学系とは常微分方程式のことだと思ってよい．

---

[1] ちなみに中国語で "dynamical systems" は「動力系統」と書くそうである．
[2] 多少回りくどい言いかたをすると，群または半群 G の空間 X への作用が与えられると，G を時間，X を状態空間，Ψ を時間発展の法則とする **力学系** が定まるという．

　本書は常微分方程式の本なので，以下でも主に常微分方程式を扱っていくのだが，常微分方程式の他に重要な力学系として，空間 X 上に時間発展のルールを写像 $f : X \to X$ で定めた力学系がある．この場合，状態 $x \in X$ の時間 k 後の状態が $f^k(x)$ であると考える．ここで f^k は f のベキ乗ではなく，k 回合成

$$f^k = \underbrace{f \circ \cdots \circ f}_{k \text{ 回合成}}$$

である．ただし f^0 は X の恒等写像とする．時間は非負整数 $k \geq 0$ の値をとる．時間が $\mathbb{R}$ のように連続しておらず，飛び飛びの離散値をとるので**離散力学系**という．

　例えば，X を閉区間 $[0, 1]$ として，写像 f を

$$f(x) = rx(1 - x)$$

で与えよう $(0 \leq r \leq 4)$．たいへん簡単な定義だが，**ロジスティック写像**という有名な力学系で，生物の個体数の変動の研究などで広く用いられた（図 7.1）．これは第 3 章で登場したロジスティック方程式の写像版である．ここで $x \in [0, 1]$ はある時刻での生物の個体数を $[0, 1]$ に値をとるように正規化したものであり，次の時刻での個体数が $f(x)$ で与えられる．パラメータ r は生物の増殖率を表しており，もし $(1 - x)$ がなければ個体数は $x,\ rx,\ r^2 x,\ \ldots$ と等比級数的に

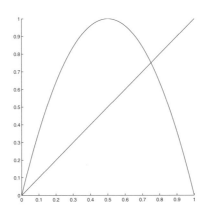

図 7.1 ロジスティック写像 $(r = 4)$

増えていく．実際には個体数が最大値（この場合は 1）に近づくと過密により環境が悪化して個体数がかえって減ってしまうので，その効果を $(1-x)$ をかけることで表現したのがこの力学系である．

写像 f の逆写像 f^{-1} が存在するときには，f^{-1} の k 回合成を f^{-k} とおくことで，負の時間も考えることができる．この場合，時間の集合は整数全体 $\mathbb{Z}$，f による点 x の軌道 $\mathcal{O}(x)$ は

$$\mathcal{O}(x) = \{f^k(x) \mid k \in \mathbb{Z}\}$$

となる．

力学系以外の数学の分野でも常微分方程式や写像を扱う場面は多いが，力学系に特徴的なのは，系の漸近挙動，すなわち時間が無限大へと発散するときの振る舞いを問題にするという考えかたである．このような着眼点は少なくともポアンカレまで遡るものである．第 1 章でもみたように，3 体問題には解が存在するが，その一般解を書き下すことができない．ポアンカレはこの「解けない」という現実を前にして，解の表示を得ることを主眼とした研究から，たとえ解けなくても解の重要な性質を議論する方向へと発想の転換を主導したのである[3]．

微分方程式を調べていると，単に発散したり，一点に収束したりといった簡単な振る舞いよりも格段に複雑な漸近挙動をすることがある．そういった系の挙動を記述するために，次のような集合を考えることが重要である．点 $y \in \mathbb{R}^n$ が $x \in \mathbb{R}^n$ の ω 極限点であるとは，ある時刻の列 $t_k \to \infty$ が存在して $\Psi^{t_k}(x) \to y$ となることをいう[4]．逆向きの極限も考える．すなわち，点 $y \in \mathbb{R}^n$ が $x \in \mathbb{R}^n$ の α 極限点であるとは，ある時刻の列 $t_k \to -\infty$ が存在して $\Psi^{t_k}(x) \to y$ となることをいう．時間を正の無限大に飛ばした極限をギリシャ文字の最後の文字で，負の無限大に飛ばした極限を最初の文字で表現するわけである．すべての ω 極限点（α 極限点）を集めた集合

$$\omega(x) = \bigcap_{T \geq 0} \overline{\bigcup_{t \geq T} \Psi^t(x)}, \quad \alpha(x) = \bigcap_{T \leq 0} \overline{\bigcup_{t \leq T} \Psi^t(x)}$$

---

[3]力学系の性質のなかでも漸近挙動が特に注目されたのには，「太陽系は未来永劫安定に存在するのだろうか（惑星同士の衝突などで壊れないか）」という疑問がキリスト教神学的に重要だったという理由もあると思われる．

[4]以下の概念は $\mathbb{R}^n$ とは限らない一般の相空間や，離散力学系に対しても定義される．

を ω 極限集合（α 極限集合）という.

また, ある点 x が再帰的であるとは, x の任意の近傍 U に対して, $\lim_{n \to \infty} t_n = +\infty$ となる時刻の列 $t_1, t_2, t_3, \ldots$ がとれて, 任意の n に対して

$$\Psi^{t_n}(U) \cap U \neq \emptyset$$

となることである. 周期軌道上の点が再帰的であることはすぐにわかる. これからみていくように, 力学系においては周期軌道ではない再帰的な点が重要な役割を果たす. そのような軌道は, 閉曲線ではないのだが自分自身のいくらでも近くに何度でも戻ってくるような興味深い挙動を示すのである.

本章では, まずヌルクラインの方法という, 特に 2 次元では便利な解析手法を学んだあとに, 平衡点の近傍での力学系の漸近挙動を議論する. 平衡点の近傍での局所的な振る舞いの解析には, 微分方程式の線形化という強力な道具が使えるため, 統一的な議論が可能になる. いっぽう, 平衡点の近傍を離れた大域的な議論は格段に難しい. 2 次元の場合にはポアンカレ・ベンディクソンの定理により, 可能な構造が絞り込めるので, まずそれを学ぶ. 3 次元以上の微分方程式系では, いわゆる「カオス」が発生し, 多様かつ複雑な構造が現われることがある. 本格的な議論は力学系の専門書に譲り, ここではカオスの典型的な例と, カオスを生み出すメカニズムについて簡単に触れる.

このように, 以下では主に微分方程式を考えるのだが, 証明の道具として, またアイディアの本質を説明するために離散力学系も活用する. そこで, 本節の最後に連続力学系と離散力学系の関係を少し考えてみよう. 力学系の立場では相空間を $\mathbb{R}^n$ に限定する必要はないので, 以下では相空間を X で表すことにする.

まず流れ $\Psi : \mathbb{R} \times X \to X$ が与えられると, $t \in \mathbb{R}$ に対し $f(x) = \Psi(t, x)$ とおくことで写像 $f : X \to X$ が得られる. この f を Ψ の時間 t 写像という. こうして得られた離散力学系 $f : X \to X$ は, もとの流れの t 秒ごとのスナップ写真を撮ったようなものである.

また流れ Ψ が周期軌道, すなわち軌道が円周となるような点をもつとしよう. その最小周期を T とし, $p \in X$ をその周期軌道上から選ぶ. ここで p を含む曲

面 S で, p の軌道 $\mathcal{O}(p)$ に対して点 p で横断的なものをとる[5]. すると, 軌道の初期値に関する連続性から, p に十分近い $x \in S$ は, やはりある時間経つと S に戻ってくることがわかる. 最初に S に帰って来たときの点を $f(x)$ とおく. この構成により p の S での近傍 U で十分小さいものをとると, 写像 $f : U \to S$ が定まる. このとき写像 f を流れ Ψ の **ポアンカレ写像**, S を **ポアンカレ断面** と呼ぶ (図 7.2). ポアンカレ写像を調べることにより, 流れの周期軌道の近傍での挙動がわかるのだが, S は X よりも次元が低いこと, 一般に写像のほうが流れよりも扱いやすいことなどから, ポアンカレ写像は非常に強力な道具となっている[6].

また, 微分方程式で与えられる力学系の軌道を数値計算によって求めることを考えよう. このとき, 画面上では連続的に軌道を追いかけているように見えても, 計算機内部では数値積分法により軌道を微小な時間ステップごとに段階的に計算している. これもやはり連続力学系を離散力学系でおきかえて見ているといえる.

逆に写像 $f : X \to X$ が与えられたときに, 空間 $X \times [0,1]$ において両端 $X \times \{1\}$ と $X \times \{0\}$ を, $(x,1)$ と $(f(x),0)$ を同一視することでひねって貼り

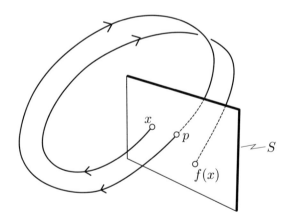

図 7.2 ポアンカレ写像

---

[5] $\mathcal{O}(p)$ と曲面 S が点 p で横断的であるとは, $T_p(\mathcal{O}(p)) \oplus T_pS = T_pX$ が成立することをいう.

[6] 周期軌道上にあるとは限らない点 x に対しても, x を含む超曲面 S であって, S の任意の点でベクトル場が S と横断的であるとき, S をポアンカレ断面と呼ぶことがある.

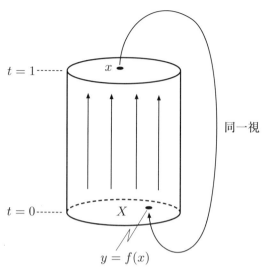

図 7.3 懸垂流れ

合わせる. そのような空間

$$\widetilde{X} = X \times [0,1]/\sim$$

$$(x,s) \sim (x,s), \quad (x,1) \sim (y,0) \Leftrightarrow y = f(x)$$

を考えると[7], その上に流れ Ψ を

$$\Psi^t(x,s) = (f^{\lfloor t+s \rfloor}(x),\, t + s - \lfloor t+s \rfloor)$$

により定義することができる. これを f の **懸垂流れ** と呼ぶ (図 7.3). ここで $\lfloor x \rfloor := \max\{k \in \mathbb{Z} \mid k \le x\}$ である. 構成から, f の懸垂流れ Ψ に対して $S = X \times \{0\}$ とおいてポアンカレ写像をとると, もとの f に戻ることも明らかである.

このように, 連続力学系と離散力学系は相補的な関係にある.

---

[7] もとの X がユークリッド空間 $\mathbb{R}^n$ のように簡単な空間であっても, $\widetilde{X}$ はややこしい多様体になることが多い.

7.2　ヌルクラインの方法

　力学系の漸近挙動を議論する前に，相流の位相的な構造を手軽に理解するのに便利な方法を紹介しよう．基本的なアイディアは，ベクトル場の向きがどこで変化するかを調べることで，軌道の進む方向を判定しようという単純なものである．

　まずは，例 3.7 で扱ったロジスティック方程式を思い出そう．第 2 章では変数分離して解を見つけることで解の様子を調べたが，解かずにベクトル場を眺めるだけでも，大まかな解の様子がわかる（図 7.4）．まずベクトル場が 0 となる平衡点は $x = 0, N$ の 2 箇所にある．解の一意性が成り立つことから，軌道はこれらの平衡点を越えて進むことはできないし，平衡点以外の初期値をもつ軌道が平衡点に有限時間で到達することはない．また，解区間 $(0, N)$ 上ではベクトル場が正なので，軌道は x の値が大きくなる方向に進む．それ以外の $(-\infty, 0), (N, \infty)$ では逆向きである．

　このような解析を高次元で試みよう．$\mathbb{R}^n$ 上で定義された正規形の自励系方程式

$$\begin{cases} \dfrac{dx_1}{dt} = v_1(x_1, \ldots, x_n) \\ \dfrac{dx_2}{dt} = v_2(x_1, \ldots, x_n) \\ \quad\vdots \\ \dfrac{dx_n}{dt} = v_1(x_1, \ldots, x_n) \end{cases}$$

に対して，集合

$$N_i = \{(x_1, \ldots, x_n) \mid v_i(x_1, \ldots, x_n) = 0\}$$

を x_i の **ヌルクライン** という．多様体論を思い出すと，v_i が可微分写像で 0 が関数 v_i の正則値であれば，N_i は相空間 $\mathbb{R}^n$ の $n - 1$ 次元部分多様体になっ

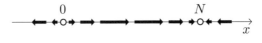

図 7.4　ロジスティック方程式のベクトル場

ている. 相空間が $\mathbb{R}$ のとき, ヌルクラインは単にベクトル場の平衡点のことである. 相空間が $\mathbb{R}^2$ のとき, 正則値に対応するヌルクラインは滑らかな曲線になる.

定義より, 相流の平衡点の集合と, すべてのヌルクラインの交わり $N_1 \cap N_2 \cap \cdots \cap N_n$ が一致する. よってヌルクラインの交点を探すことで平衡点を簡単に見つけることができる. さらに, x_i のヌルクラインは $\dfrac{dx_2}{dt} > 0$ となる領域と $\dfrac{dx_2}{dt} < 0$ となる領域の境界になっているので, 各 x_i のヌルクラインがどのように交わっているかを見ることで, 軌道の大まかな動きをつかむことができる.

この方法は, 特に平面上のベクトル場に対して有効である. このとき, ヌルクラインは曲線となり, 相空間はヌルクラインたちによって区切られた領域に分割される. 例えば微分方程式

$$\begin{cases} \dfrac{dx}{dt} = -x^2 + y \\ \dfrac{dy}{dt} = x - 1 \end{cases}$$

を考えよう. x と y のそれぞれのヌルクラインは

$$N_x = \{(x,y) \mid -x^2 + y = 0\}, \qquad N_y = \{(x,y) \mid x - 1 = 0\}$$

である. これらのヌルクラインによって分割される領域

$$N_{x,+} = \{(x,y) \mid -x^2 + y > 0\}, \qquad N_{x,-} = \{(x,y) \mid -x^2 + y < 0\}$$

と

$$N_{y,+} = \{(x,y) \mid x - 1 > 0\}, \qquad N_{y,-} = \{(x,y) \mid x - 1 < 0\}$$

を考える. すると, 領域 $N_{x,+} \cap N_{y,+}$ では, $\dfrac{dx}{dt}$ と $\dfrac{dy}{dt}$ がどちらも正なので, 軌道は平面の右上に向かって進む. 同様に, 領域 $N_{x,+} \cap N_{y,-}$ では右下, 領域 $N_{x,-} \cap N_{y,+}$ では左上, 領域 $N_{x,-} \cap N_{y,-}$ では左下を軌道は向いている. 平衡点の集合は $N_x \cap N_y$ であるが, 連立方程式を解くと $(x,y) = (1,1)$ のみが平衡点であることがわかる.

これらの情報をもとに相空間上に相流の図を書くと, 図7.5のようになる. これにより相流の大まかな様子がつかめた. 次節で紹介する平衡点のまわりでの局所解析と組み合わせることで, さらに強力な解析も可能となる.

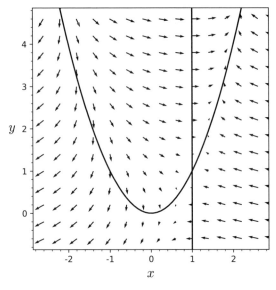

図 7.5 ヌルクライン

7.3 平衡点の近傍での局所理論

力学系の挙動を調べるといっても，やみくもに色々な軌道を調べても成果を得るのは難しい．まず，挙動がはっきりわかる簡単な軌道から始め，徐々にその近傍の様子を調べるのがうまい戦略である．

挙動が最も簡単な点は，平衡点である．方程式 $\dot{x} = v(x)$ の平衡点 p とは，$v(p) = 0$ となる点のことであった．このとき，流れ関数 Ψ^t は任意の t に対して $\Psi^t(p) = p$ をみたし，軌道は全く動かない．本節で調べるのは，このような平衡点の近くでの軌道の振る舞いである．

まず，最も簡単な定数係数の線形方程式 $\dot{x} = Ax$ の場合を考えよう．ここで $x \in \mathbb{R}^n$，A は実 n 次正方行列である．この系はただ一つの平衡点として原点 $0 \in \mathbb{R}^n$ をもつ．定数係数の線形方程式の場合には，行列の指数関数を用いると，$t = 0$ で $x(0) = x_0$ をみたす解は $x(t) = \exp(At)x_0$ と書けることを第 4 章でみた．

行列 A を複素ベクトル空間 $\mathbb{C}^n$ の線形写像 $A : \mathbb{C}^n \to \mathbb{C}^n$ だと思い，A の

固有値のうち，実部が正の固有値に対応する $\mathbb{C}^n$ での一般化固有空間の直和を F^u，実部が負のものに対応する一般化固有空間の直和を F^s，実部が 0 のものに対応する一般化固有空間の直和を F^c と書くことにすると，

$$\mathbb{C}^n = F^u \oplus F^c \oplus F^s$$

が成立する．また，A が実行列であることから，複素固有値は実部が等しい共役なペアで表され，共役な固有値の一般化固有空間も互いに共役になっている．このことを用いると，F^u, F^c, F^s を $\mathbb{R}^n$ に制限した $E^u = F^u \cap \mathbb{R}^n$, $E^c = F^c \cap \mathbb{R}^n$, $E^s = F^s \cap \mathbb{R}^n$ により

$$\mathbb{R}^n = E^u \oplus E^c \oplus E^s$$

と $\mathbb{R}^n$ が直和分解されることもわかる．

　固有値 λ に対応するジョルダン細胞を $J(\lambda)$ とすると，定理 4.13 より，もし λ の実部が負であれば $\exp(J(\lambda)t) \to 0$ であり，実部が正であれば $\exp(J(\lambda)t)$ は発散する[8]．よって，初期値 x_0 が E^s に含まれていれば，解は $t \to \infty$ で平衡点 0 に収束する．いっぽう x_0 が E^u に含まれていれば，解は $t \to \infty$ で発散する（$t \to -\infty$ で平衡点に収束する）．一般の初期値に対する振る舞いは，これらを組み合わせたものになる．すなわち $x_0 = x_0^s + x_0^u$（$x_0^s \in E^s$, $x_0^u \in E^u$）と書けるとき，x_0^s 成分は 0 に収束し，x_0^u 成分は発散する（図 7.6）．このことから，もし A のすべての固有値の実部が負であれば，任意の初期値 x_0 を通る解は $t \to \infty$ で平衡点 0 に収束し，逆にすべての固有値の実部が正であれば，任意の初期値 x_0 を通る解は $t \to \infty$ で発散することもわかる．

　次に非線形方程式 $\dot{x} = v(x)$ の場合を考えよう．非線形の場合には一般に解の関数を求積法で書き下すことはできないので，その代わりに v を微分して得られる線形化方程式を考え，線形化方程式の解ともとの方程式の解を対応させようというのが基本方針である．

　ここで v を微分して得られる線形化方程式とは，成分で書けば

---

[8] 複素固有値の場合も，実ジョルダン標準形を用いて同様の結論を導くことができる．

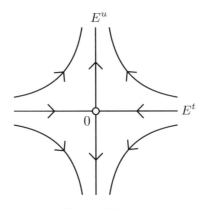

図 7.6　線形な流れ

$$\begin{pmatrix} \dot{x}_1 \\ \dot{x}_2 \\ \vdots \\ \dot{x}_n \end{pmatrix} = \begin{pmatrix} \frac{\partial v_1}{\partial x_1} & \frac{\partial v_1}{\partial x_2} & \cdots & \frac{\partial v_1}{\partial x_n} \\ \frac{\partial v_2}{\partial x_1} & \frac{\partial v_2}{\partial x_2} & \cdots & \frac{\partial v_2}{\partial x_n} \\ \vdots & \vdots & \ddots & \vdots \\ \frac{\partial v_n}{\partial x_1} & \frac{\partial v_n}{\partial x_2} & \cdots & \frac{\partial v_n}{\partial x_n} \end{pmatrix} \begin{pmatrix} x_1 \\ x_2 \\ \vdots \\ x_n \end{pmatrix}$$

で定義される方程式である．ただし，v_i の x_j による偏微分は $x = p$ において
とるものとする．上の線形化方程式の係数行列を以後 $D_p v$ と書く．

定義 7.1　　常微分方程式 $\dot{x} = v(x)$ の平衡点 p が **双曲型** であるとは，その
点での v の線形化行列 $D_p v$ が，実部が 0 である固有値をもたないことをいう．
双曲型の平衡点 p は，すべての固有値の実部が正のとき **源点**（ソース），すべ
ての固有値の実部が負のとき **沈点**（シンク），実部が正と負の固有値をどちら
ももつとき **鞍点**（サドル）と呼ばれる．

　線形方程式のときには，実部が正の固有値は平衡点から遠ざかる挙動，実部
が負の固有値は平衡点に近づく挙動に対応していた．実部が 0 の固有値は，そ
のどちらともつかない，はっきりしない挙動に対応しており，そのような固有
値をもたないというのが双曲型になるための条件である．
　次の定理は，双曲型平衡点の近傍での流れは，線形化方程式の流れと同一視

できることを意味している．簡単のため，平衡点は原点0であるとしよう．

定理 7.2（ハートマン・グロブマンの定理）　常微分方程式 $\dot{x} = v(x)$ におい
て原点が双曲型平衡点であるとする．原点での v の線形化行列を A とおく．
このとき，原点のある近傍 U が存在して，U 上で微分方程式の流れ Ψ^t と p
における線形化方程式の流れ $\Phi^t(x) = \exp(At)x$ が同値，すなわち，ある同相
写像 $h : U \to h(U)$ が存在して，$\Psi^t(x) \in U$ である限り

$$
\begin{array}{ccc}
U & \xrightarrow{\ \Psi^t\ } & U \\
h \downarrow & & \downarrow h \\
h(U) & \xrightarrow{\ \Phi^t\ } & h(U)
\end{array}
$$

が可換になる[9]．

　証明は，[11] などの力学系の教科書を参照されたい．写像 h は非線形な流れ
Ψ^t の軌道を線形な流れ Φ^t の軌道に変換する働きがある（図 7.7）．ハートマン・
グロブマンの定理により，方程式が非線形であっても，平衡点が双曲型であり
さえすれば，平衡点の近傍での系の振る舞いは基本的に線形系と変わらず，よ
く理解できるものになっている．

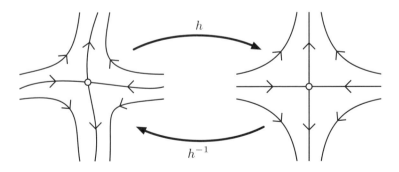

図 7.7　ハートマン・グロブマンの定理

---

[9]この図式が可換であるとは，$h \circ \Psi^t = \Phi^t \circ h$ が成立することをいう．

　いっぽう，平衡点が非双曲型のときには，線形方程式では記述できない複雑
な現象が現れる．非双曲型であっても線形化した流れと同値になる場合もある
が，実部が 0 の固有値のせいで線形化方程式だけでは挙動がはっきり決まらず，
より高い階数の微分も見なくてはならない．

7.4　ポアンカレ・ベンディクソンの定理

　相空間が平面 $\mathbb{R}^2$ のときは，解の漸近的挙動は比較的単純でわかりやすいの
で，まずこれを扱おう．平面の微分方程式の力学系を理解するうえで重要なの
は次の定理である．

定理 7.3（**ポアンカレ・ベンディクソンの定理**）　$X = \mathbb{R}^2$（もしくは S^2）上
の C^1 級の流れを考える．ある $x \in X$ の $\omega(x)$ がコンパクトで空でないとす
る．このとき，$\omega(x)$ は平衡点を含むか，もしくは単一の周期軌道となる．$\alpha(x)$
についても同様．

　7.5 節でみるように，この定理は 3 次元以上の力学系に対しては成立しない．
その本質的な理由は次の定理が 2 次元でしか成立しないからである．

定理 7.4（**ジョルダンの曲線定理**）　c を平面 $\mathbb{R}^2$ 上の自分自身と交わらない
閉曲線とすると，$\mathbb{R}^2 \setminus c$ は交わらない二つの連結成分からなり，一方は有界で，
もう一方は非有界である．

　平面に描いた輪には外側と内側が定義できるという主張であり，当然成立す
るように思えるが，厳密に証明するのは意外と難しい．ジョルダンの曲線定理
が 3 次元以上の空間で成立しないのは直感的に明らかだが，2 次元でもトーラ
スのような空間では成立しない．図 7.8 の左側のトーラス上に描かれている閉
曲線でトーラスを切ると，右側の絵のように切れ目が入る．しかし空間は依然
として連結なままで，二つの成分には分解されない．

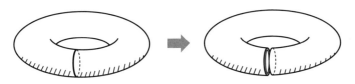

図 7.8 トーラス上ではジョルダンの曲線定理が成立しない

補題 7.5 平面上の微分方程式が定める流れに対して，x が再帰的でかつポアンカレ写像をもつとすると，x は周期軌道上にある．

証明 x のポアンカレ断面を S，帰還時間を T とする．相空間が $\mathbb{R}^2$ なので S は曲線である．もし $x = \Psi^T(x)$ ならば証明すべきことはない．よって $x \neq \Psi^T(x)$ と仮定して矛盾を導こう．S 内で x と $\Psi^T(x)$ を結ぶ部分弧を γ とすると，

$$\left(\bigcup_{t \in [0,T]} \Psi^t(x) \right) \cup \gamma$$

は閉曲線となる．自励系を考えているので解曲線は自分と交わらず，この閉曲線は単純閉曲線である．よってジョルダンの曲線定理より，曲線の内部 D と外部 E が定まる（図 7.9）．いま γ は S の部分集合なので，γ とベクトル場は横断的である．すなわちベクトル場は γ 上のすべての点で E から D へ向かう向きであるか，もしくは逆にすべての点で D から E へ向かう向きになってい

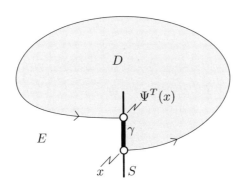

図 7.9 領域 D, E

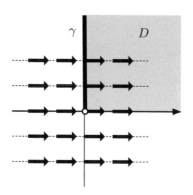

図 7.10　x の近傍での直線化

る（図 7.9 は前者の場合である）．前者を仮定しよう．軌道が自分自身と交差で
きないことを思い出すと，この場合は D に入った軌道は D の外に出ることは
できない．点 x は再帰的なので，軌道を時刻 T のあとも延長すると，x にいく
らでも近づくはずであるが，$\Psi^T(x)$ においてベクトル場が内向きなので，軌道
は D 内に入り，その後も D から出ることはない．仮定より x は平常点なの
で，その近傍で直線化定理が成立する（図 7.10）ため，軌道は D の内部から
x に近づくことはできない．これは矛盾である．後者を仮定した場合の証明も
同様．　　　　　　　　　　　　　　　　　　　　　　　　　　　　　　　　■

定理 7.3（ポアンカレ・ベンディクソンの定理）の証明　コンパクトで空でな
い $\omega(x)$ が平衡点を含まないとする．このとき $\omega(x)$ が周期軌道となることを
示す．いま $\omega(x)$ は空ではないので $y \in \omega(x)$ を選ぶことができる．

　このとき y が再帰的であることを示そう．まず極限集合の定義より，$y = \lim \Psi^{t_n}(x)$ となる数列 $t_n \to \infty$ がとれる．よって y の任意の近傍 U に対し，
ある N が存在して $n \geq N$ ならば $\Psi^{t_n}(x) \in U$ となるようにできる．そこで
$t'_n = t_n - t_N$ とおくと，$\Psi^{t'_n}(\Psi^{t_N}(x)) = \Psi^{t_n}(x) \in U$ であるが，$\Psi^{t_N}(x)$ も U
に含まれるので，これは $\Psi^{t'_n}(U) \cap U \neq \emptyset$ を意味する．いま $n \to \infty$ とすると
$t'_n \to \infty$ なので，y は再帰的である．

　また，仮定より y は平衡点ではないので，局所的にポアンカレ断面 S をと
ることができる．よって補題 7.5 より，y は周期軌道上にある．集合 $\omega(x)$ は

流れで不変なので，周期軌道 $\mathcal{O}(y)$ を含む．すなわち $\omega(x) \supset \mathcal{O}(y)$ である．

最後に，$\omega(x) \subset \mathcal{O}(y)$ を示そう．まず，$y = \lim \Psi^{t_n}(x)$ となる数列 $t_n \to \infty$ が存在することと，S が y を含む周期軌道のポアンカレ断面であることから，数列 $s_n \to \infty$ で $y = \lim \Psi^{s_n}(x)$ かつ $\Psi^{s_n}(x) \in S$ が任意の $n \geq 0$ で成立するものがとれる．また，$t \geq s_0$ で $\Psi^{u_n}(x) \in S$ となる時刻 t をすべて集めてできる数列 u_n を考えると，定義より s_n は u_n の部分列である．よって点列 $\Psi^{s_n}(x)$ は点列 $\Psi^{u_n}(x)$ の部分列である．また，軌道が自分自身と交われないことから，補題 7.5 と同様の議論により点列 $\Psi^{u_n}(x)$ は曲線 S 上の単調列となる[10]．単調列であって，かつ部分列 $\Psi^{s_n}(x)$ が y に収束することから，$\Psi^{u_n}(x)$ 自体も y に収束する，すなわち $y = \lim \Psi^{u_n}(x)$ としてよい．y の最小周期を τ とし，小さな実数 $\delta > 0$ を適当に固定する．解の初期値に対する連続性を用いると，x の軌道がポアンカレ断面 S に戻ってくる間隔 $u_{n+1} - u_n$ は n を大きくすれば $[\tau - \delta, \tau + \delta]$ に入るようにできる．軌道 $\mathcal{O}(x)$ の部分集合

$$\mathcal{O}_n(x) := \{\Psi^t(x) \mid t \in [u_n, u_n + \tau + \delta]\}$$

と $\mathcal{O}(x)$ の ϵ 近傍

$$V_\epsilon(\mathcal{O}(y)) := \{p \in \mathbb{R}^2 \mid \text{ある } q \in \mathcal{O}(y) \text{ が存在して } \|p - q\| \leq \epsilon\}$$

を考えると，ふたたび解の初期値に対する連続性により，任意の $\epsilon > 0$ に対して $n \geq N$ ならば

$$\mathcal{O}_n(x) \subset V_\epsilon(\mathcal{O}(y))$$

となるような N がとれる．このことと $\mathcal{O}_n(x)$ の定義により，軌道 $\mathcal{O}(x)$ の時刻 $t = u_N$ 以降の部分はすべて $V_\epsilon(\mathcal{O}(y))$ に含まれることがわかる．したがって，$\mathcal{O}(x)$ は $V_\epsilon(\mathcal{O}(y))$ の外に集積点をもたない．いま $\epsilon > 0$ は任意なので，極限集合の定義より $\omega(x) \subset \mathcal{O}(y)$ が従う．∎

一般に，周期軌道がその軌道上にない点の α もしくは ω 極限集合となるとき，その周期軌道を <u>リミットサイクル</u> という．

---

[10] 曲線 S を定義する関数により滑らかな座標を S に入れられるので，普通の区間上と同じく点列の単調性が議論できる．

リミットサイクルをもつ常微分方程式の例として,

$$\frac{d^2x}{dt^2} - \mu(1-x^2)\frac{dx}{dt} + x = 0$$

を考えてみよう. ここで μ は系の挙動を決めるパラメータで, $\mu = 0$ ならば調和振動子になることがわかる. この方程式はファン・デル・ポール方程式 (Van der Pol 方程式) と呼ばれ, 電気回路の振動現象を調べるために古くから用いられてきた方程式である. これを $y = \dfrac{dx}{dt}$ とおいて1階正規形の方程式に変換すると,

$$\frac{dx}{dt} = y, \quad \frac{dy}{dt} = -x + \mu y - \mu x^2 y$$

となり, これをベクトルで書けば

$$\frac{d}{dt}\begin{pmatrix} x \\ y \end{pmatrix} = \begin{pmatrix} y \\ -x + \mu y - \mu x^2 y \end{pmatrix} = \begin{pmatrix} 0 & 1 \\ -1 & \mu \end{pmatrix}\begin{pmatrix} x \\ y \end{pmatrix} + \begin{pmatrix} 0 \\ -\mu x^2 y \end{pmatrix}$$

が得られる. これは $\mathbb{R}^2$ を相空間とする非線形な自励系ベクトル場である. 図7.11 はファン・デル・ポール方程式の軌道を描いたもので, 太線で描かれているのがリミットサイクルである. そこに向かって内側から近づいていくのは初期値を $(x,y) = (0, 0.1)$ とした解, 外側から近づいていくのは初期値を $(x,y) = (0, 2.5)$ とした解である.

この意味で $\mathbb{R}^2$ の常微分方程式の漸近挙動は比較的やさしい. 漸近挙動としては, 定常的, もしくは周期的な振る舞いしか出てこない.

では3次元ではどうだろうか. また2次元でも, 平面ではなく曲面ではどうだろうか. 次節でみるように, 3次元の常微分方程式にはカオスが現れ, たいへん複雑な挙動をもちえる. また, 種数が正の曲面ではポアンカレ・ベンディクソンの定理は成立しない. 例えばトーラス T^2 上ですべての点を同じ方向へ平行移動する流れを考えよう. 移動方向の傾きが有理数ならばすべての $x \in T^2$ に対して $\mathcal{O}(x)$ は周期軌道になるが, 無理数の場合にはすべての $x \in T^2$ に対して $\mathcal{O}(x) = T^2$ となり, ポアンカレ・ベンディクソンの定理は成立していない.

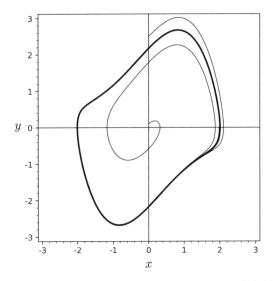

図 7.11 リミットサイクル（ファン・デル・ポール方程式）

7.5 ローレンツ方程式とカオスの発見

前節では相空間が 2 次元の常微分方程式の漸近挙動を調べたが，3 次元以上の系に対してはポアンカレ・ベンディクソンの定理のような強力な定理は存在せず，極限集合として周期軌道ではない複雑な集合が現れる．その典型例として，本節ではローレンツ方程式を考えよう．

ローレンツ方程式とは

$$\dot{x} = -\sigma x + \sigma y,$$
$$\dot{y} = \rho x - y - xz,$$
$$\dot{z} = -\beta z + xy$$

で与えられる $\mathbb{R}^3$ の常微分方程式であり，パラメータとして σ, ρ, β をもつ．エドワード・ローレンツは $(\sigma, \rho, \beta) = (10, 28, 8/3)$ とおいた数値実験により，いわゆるストレンジアトラクターを発見した（図 7.12）．

ローレンツはもともと気象学者であり，流体の流れをモデル化した，ローレンツ方程式とは別の方程式を研究していた．1950 年代の終わりごろのことであ

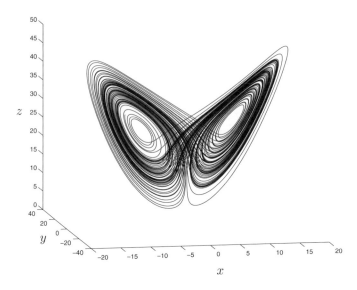

図 7.12　ローレンツ方程式のアトラクター

る．当時の最先端だった真空管計算機で軌道を計算していたローレンツは，あるとき奇妙な現象に気がついた．計算機が吐き出す計算結果から軌道の途中のある一点の数値を抜き出し，それを初期値として計算を再開すると，しばらくは先の計算と同じ数値が出力されるものの，やがてもとの軌道とまったく違う数値を示すようになったのである．初めはプログラムか計算機に誤りがあると思っていたローレンツだが，原因は意外なところにあった．計算の軌道の途中の点の数値として，プリンタに印字した数値を用いていたのだが，計算機が内部に保持している数値をすべて印字すると時間がかかるため，有効数字三桁までを印字していたのが原因だったのである．計算機内部の数値と，プリンタで印字された数値には小さな誤差がある．この誤差が時間とともに拡大して，やがてまったく別の軌道になってしまったのである．

　ローレンツはこの現象を注意深く研究し，初期値の違いがどんなに小さくても，やがてその違いが拡大されて，まったく別の軌道にわかれてしまうことを見出した．現在では「初期値に対する鋭敏な依存性」と呼ばれる性質である．彼はこの現象が天気予報の困難さの本質にあると考え，それを解説するために，同様

の性質をもつ, より簡単なモデルとして提出したのがローレンツ方程式である.

ここで初期値に対する鋭敏な依存性の正確な定義を与えておく.

定義 7.6 流れ $\Psi^t : \mathbb{R}^n \to \mathbb{R}^n$ が初期値に対する鋭敏な依存性をもつとは, ある $C > 0$ が存在して次が成立することである.

どんな $x \in \mathbb{R}^n$ とその近傍 U に対しても,

ある $y \in U$ と時間 t が存在して,

時間 t のあとには x と y の軌道は距離 C よりも離れる.

同じことを論理記号で書けば,

$$\exists C > 0, \ \forall x \in \mathbb{R}^n, \ \forall U(x \text{の近傍}), \ \exists y \in U, \ \exists t : \|\Psi^t(x) - \Psi^t(y)\| > C$$

ということである.

初期値に対する鋭敏な依存性を寓話的に表現する思考実験としてバタフライ効果がよく知られている. 一般に「ブラジルでの蝶の羽ばたきが, テキサスでトルネードを引き起こす」と表現されるバタフライ効果だが, これはブラジルで蝶が羽ばたいたら必ず一週間後にテキサスでトルネードが起きる, というような予報を意味するのではない. むしろそのような予報は不可能であるというのが主張である.「蝶が羽ばたいた世界」と「羽ばたかなかった世界」の二つを観察しつづけると, 初めはこの二つの違いはほとんどないように見えるが, やがてどんどん差が大きくなり, いつしか片方では起きていないトルネードがもう一方では起きている, というくらいの大きな違いになってしまう. 蝶の羽ばたきでなく, 誰かの指一本のわずかな動きでも同じことである. そのようなわずかな違いを全世界にわたり観測することは不可能である以上, 完璧な天気予報は不可能だとローレンツは考えた.

数学や物理で用いられる「カオス」という用語は, このローレンツ方程式のように複雑な振る舞いをする力学系のことを意味している. カオスという言葉がこのような意味で使われ出してから既に半世紀以上が経つが, 実は未だカオス

の数学的な定義として定まったものはない．しかし，一般的には初期値に対する鋭敏な依存性をもつことがカオスであるための必要条件とされることが多い．

　また，一般にカオス的な性質をもつ力学系では，誤差は単純に拡大するのではなく，時間に対して指数的に拡大する．もし誤差の拡大が指数的だとすると，天気予報の困難さがより明らかになる．国にもよるが，現在の気象予報では数日程度の未来の予測が提供されている．なぜずっと先まで気象予報を出さないかというと，そんな未来の予測は誤差が大きすぎて意味をなさないからである．現在の時刻における実際の気象と，観測された初期値の誤差がだんだんと拡大していって，ある一定の値を超えたところで予報は意味をなくすとする．いま，観測の精度を 10 倍良くする，すなわち初期値の誤差を 1/10 に改善する方法があり，それにより予報できる日数が一日延びたとしよう．このとき，予報できる日数を二日延ばすためには観測の精度をどのくらい上げればよいか．$10 \times 2 = 20$ 倍ではない．誤差が指数的に拡大するならば，$10^2 = 100$ 倍の精度にしないと予報日数を二日増やせないのである．観測の精度を n 倍に改良しても，予報できる日数は $\log n$ の程度しか増えない．なかなか長期予報ができないわけである．

　さて，ここで図 7.12 をもう一度見てみよう．図の軌道はもちろんコンピュータで描いたものだが，コンピュータの計算にも誤差がつきものである．ローレンツ方程式が初期値に対する鋭敏な依存性をもつとすると，たとえ計算で生じる誤差がどんなに小さくても，やがてその誤差が拡大し，計算機が描く軌道は真の軌道から離れていってしまうだろう．すなわち図 7.12 に描かれた軌道は，真の軌道とは全然違うものになっている可能性がある．近年では普通の数値計算で用いる精度の数倍，ときには数千倍という精度で計算を行なう「多倍長計算」も簡単にできるようになったが，どんなに精度を上げても，やはりいつかは真の軌道から離れてしまう．天気予報と同じく，精度を n 倍にしても，計算された軌道が真の軌道の近くにいてくれる時間は $\log n$ くらいしか延びないのである．

　初期値に対する鋭敏な依存性をより簡単に観察できる例として，7.1 節で触れたロジスティック写像の $r = 4$ の場合を考えよう．図 7.13 は初期値を $x_1 = 0.1$ として，軌道 $f^n(x)$ を $n = 50$ まで表示したものである（横軸が時刻 n，縦軸

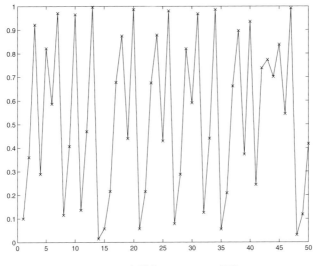

図 7.13 初期値 $x_1 = 0.1$ の軌道

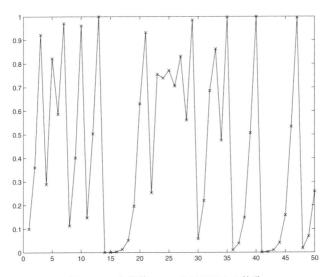

図 7.14 初期値 $x_1 = 0.1000001$ の軌道

が x の値）．見てわかるように，軌道はたいへん複雑な動きをする．ところどころで軌道が $x = 0$ や $x = 1$ に触れているように見えるのは解像度の問題で，実際はごくわずかだが 1 や 0 から軌道は離れている（そうでないと，そこから先がすべて 0 や 1 になっているはずである）．この先ずっと計算を続けても，周期性は見えてこない．次に初期値 x_1 をほんの少しずらして $x_1 = 0.1000001$ として計算してみると，その軌道の様子は図 7.14 のようになる．二つの図を比べてみると，時刻 $n = 10$ くらいまでは，互いの軌道にほとんど違いはない．しかし，n が 15 を越えたあたりから，二つの軌道は全く関係ない動きをしている．初期値がほんの少し，たった 0.0000001 違うだけなのに，未来が全く違ってしまうのである．初期値をもっと近くすると，軌道が似た振る舞いをする時間は伸びるものの，やはり最終的に二つの軌道は関係ない動きを始めてしまう．それが初期値に対する鋭敏な依存性である．

　前章で触れた精度保証付き数値計算の技法を使えば，誤差をきちんと評価しながら常微分方程式を数値積分できるが，誤差さえ評価すれば真の軌道を見ることができるかというと，そんなに簡単ではない．図 7.15 が典型的な状況である．これはあるカオス的な方程式において y 軸の一点を出発した軌道を精度保証付き数値計算で求めたものである．真の軌道は図の長方形の中を通ることが区間演算により保証されるのだが，軌道を長く計算すればするほど，台風の予

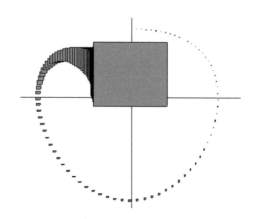

図 7.15　精度保証付き数値計算による軌道の計算結果

報円が時間と共に大きくなるのと同様，急速に長方形が大きくなってしまい，有用な情報が得られなくなっている．精度保証をするということは，誤差がどのくらいの大きさに拡大するかということを含めて厳密に評価をするということである．そのため，方程式が誤差を拡大する性質をもっていると，誤差の評価が大きくなりすぎて，意味のある結果が得られなくなってしまうのである．

真の軌道を知るのが難しいという事実を考慮すると，ローレンツ方程式はカオス的だという主張も怪しくなってくる．本当にどんなに小さい誤差でも軌道は離れていくのだろうか．百万桁の精度でローレンツ方程式を計算してカオス的に見えても，それは実は単なる精度不足で，十億桁の精度で計算すればカオスでも何でもないかもしれない[11]．「ローレンツ方程式が本当にカオス的か？」という問いは長年の懸案だったのだが，ようやく 2000 年前後になって，ウォーリック・タッカーにより本当にカオス的であることが示された．その証明は計算機援用証明と呼ばれるものの一種であり，証明に必要な膨大な評価式を示すのにコンピュータの力を借りる必要があった．タッカーの証明では，ローレンツ方程式の軌道たちの中にカオスを生み出す「幾何学的モデル」が埋め込まれているということを示すことが重要なポイントとなっている．高精度の精度保証付き数値計算を用いても個々の軌道を正確に求めることは不可能であるが，幾何学的モデルが埋め込まれているということであれば，頑張れば精度保証付き数値計算で証明できたのである．

次節では，そのようなカオスを生み出すモデルの一つをみてみよう．

7.6 カオスの骨格

ローレンツ方程式などの力学系に現れるカオスを直接理解しようとしても，軌道の複雑さや誤差の拡大に阻まれてなかなか本質にたどりつけないことがわかった．そこで，カオス的な性質をもちつつも，人間が理解できるモデルを人工的に作ろうという試みが行なわれた．

カオスを記述するモデルのなかでも，最も基本的かつ重要なのが「スメール

---

[11] 一見カオス的に見えるが，実は全ての軌道は吸引的な周期点に吸い寄せられるだけで，何もカオス的でないという例は簡単に作ることができる．本当に予測できないカオス的な振舞いと，極端に長い周期（例えば 10 兆周期）の周期的な運動を計算機で区別するのは非常に難しい．

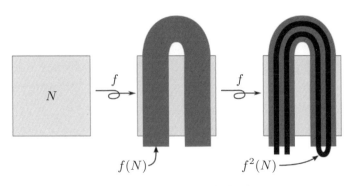

図 7.16　スメールの馬蹄形写像

の馬蹄形」である．これを考案したスティーヴン・スメールは，高次元ポアン
カレ予想の解決によりフィールズ賞を受賞した，20 世紀を代表する数学者の一
人である．高次元ポアンカレ予想を解決したあと，スメールは多様体そのもの
を対象とした研究から，その上の微分方程式や写像，すなわち力学系の研究に
重点を移した．そしてある種の微分方程式がもつ周期軌道の多様さを説明する
ため，その流れに対するポアンカレ写像の簡単なモデルとして，馬蹄形写像を
考案した．

　その馬蹄形写像とは，平面から平面への写像（正確には可微分同相写像）で
あって正方形 N を図 7.16 のように馬蹄のように折り曲げて自分の上に写像す
るものである（実際には写像の微分に関する「一様双曲性」という条件も必要
になるが，いまは触れないことにする）．正方形 N は，鉛直方向には伸ばされ
る一方，水平方向には縮められ，そして折り畳まれる．以下同様にこの操作を
繰り返すと，像は入れ子状にどんどん細くなる．この「伸ばして曲げる」とい
う構造が複雑さの本質だとスメールは喝破したのである．ロジスティック写像
においても，区間 $[0,1]$ が「伸ばして曲げ」られていたことを思い出そう．

　馬蹄形写像の素晴らしさは，その振る舞いが完全に記述できるという点にあ
る．領域 N の中に過去も未来も永遠に留まるような軌道の集合

$$\mathrm{Inv}(N) := \bigcap_{n=-\infty}^{\infty} f^n(N)$$

を考えると，この集合は記号列で完全に記述できる．すなわち，$x \in \mathrm{Inv}(N)$ に

対して，$f^n(x)$ が $f(N) \cap N$ の左側の帯にいるときは 0，右側にいるときは 1 という記号を出力することにすると，x に対して

$$\cdots 0010011101000101110010 \cdots$$

というような記号の無限列が対応する．集合 $\mathrm{Inv}(N)$ はこのような記号の無限列全体 $\Sigma := \{0,1\}^{\mathbb{Z}}$ と同一視できる．さらに $\mathrm{Inv}(N)$ 上の f の作用も Σ においてすべての記号を一個左にずらす操作と完全に対応することが示せる．この記号表現により，馬蹄形写像が豊かな周期点の構造をもつこと，また初期値に関する鋭敏な依存性をもつこともわかる．

　もう一つの重要な点は，力学系を少し摂動する，すなわち写像 f をほんの少し変化させたとしても，馬蹄形写像の構造が壊れないという点である．このことを，馬蹄形写像は構造安定であるという．馬蹄形写像の構成において，N の伸ばしかたや曲げかたは，けっこう適当でも構わない．重要なのは，$f(N)$ がちゃんと N を 2 回突き抜けていることや，$f(N)$ の縦の線が N の縦の線と交わっていないことなどであり，多少線が曲がっていようが，力学系としては同じものができる．図 7.16 を見ると，$f(N)$ の縦の線と N の縦の線の間には少しの隙間がある．写像 f が摂動を受けると $f(N)$ もやはり少し変化するのだが，この隙間があるために馬蹄形写像であるという構造は壊れないのである．

　この二つの性質をまとめると，馬蹄形写像においては個々の軌道は初期値に鋭敏に依存するが力学系全体の構造は摂動に対して安定であることがわかる．個々の軌道ではなく，力学系の全体を記述する「大域的」なモデルを考えることで，初めて構造安定性という概念がみえてくるのである．

　一見すると非常に特殊な例のようにみえるが，実は馬蹄形写像はカオス的力学系においてある意味で普遍的に存在し，カオスの本質と不可分なものである．またこのように単純化したモデルを考えることにより，カオスが生じるメカニズムを抽象化して把握できるだけでなく，現実的な力学系のカオスを研究する場合の指針も得られる．個々の軌道をいくら追いかけても力学系が本当にカオス的かどうかはわからなかったのだが，系が馬蹄形写像と同じ構造をもつことが示せれば，その系がカオス的であること，さらにそのカオスが記号列で表現できることがわかるのである．馬蹄形写像を特徴づける構造は実に単純かつ大

雑把なものであり，その存在を示すためには軌道を長時間正確に追いかける必
要はないのである．

　軌道が正確に求まらなくても系の振る舞いについて知ることができるという
点は，まさにポアンカレが力学系を創始したときの着想にまでさかのぼるもの
であり，ここに彼の創始したトポロジーと力学系がふたたび交わろうとする動
きがみえてくる．

7.7　力学系の大域的な計算

　せっかく解説した馬蹄形写像であるが，実はローレンツ方程式は馬蹄形写像
だけでは理解できない．2 枚の羽根の下に隠れている平衡点が問題で，その近傍
を通ると領域が激しく潰されたり千切られたりしてしまい，馬蹄形の描像が破
綻するからである．そこで平衡点の振る舞いまで込めてモデル化したのが，7.5
節の最後で触れた「幾何学的ローレンツ・アトラクタ」と呼ばれる幾何学的モ
デルである．ローレンツ方程式がこのモデルと同じ構造をもつことをタッカー
が証明したことで，「ローレンツ方程式は本当にカオス的か？」という問題は肯
定的に決着した．

　幾何学的ローレンツ・アトラクタの存在を示すためには，軌道が羽の回りを一
周する様子を精度保証付きで計算すればよいのだが，あまりに誤差が急速に拡
大してしまうため，普通に精度保証すると羽を一周することもできない．タッ
カーは軌道を一気に計算するのではなく，一周の間に 13 か所の中継地点を設
け，少しずつ慎重に計算を進めることでこの困難を解決した．さらに原点の近
傍を通る軌道に対しては精度保証付き数値計算だけではどうしても計算がうま
くゆかず，原点のまわりに限って Normal Form 理論という解析的な手法を用
いた．古典的な解析と，精度保証付き数値計算を組み合わせることにより初め
て全貌が明らかとなったのである．

　タッカーの結果は長年の疑問に解決を与える画期的なものであったが，手法
がローレンツ方程式に特化しているため，より広い力学系に適用できる方法が
その後も研究されている．

　なかでも，精度保証付き数値計算と近年発展した計算ホモロジー理論を組み

合わせた手法が，その適用範囲の広さと手法の新しさで注目を集めている．以下ではそのごく大まかな説明を試みよう[12]．説明を簡単にするために，常微分方程式ではなく離散力学系 $f: M \to M$ を考える．

この方法の根底にあるのは，写像 $f: M \to M$ そのものではなく，それをもとに構成した有向グラフや，f からホモロジーをとることで誘導された写像 $f_*: H_*(M) \to H_*(M)$ を調べることにより，力学系の情報を得ようというアイディアである．グラフのような離散的な対象や，f_* のような加群の準同型は計算機で扱いやすく，その性質を調べやすいのである．

例えば，写像 $f: M \to M$ の複雑さを量る位相的エントロピー $h_{\mathsf{top}}(f)$ という不変量があり，この量が正であることがカオス的であるための条件としてよく用いられている．一般的に $h_{\mathsf{top}}(f)$ を計算するのはたいへん難しく，具体的な系に対してその値を正確に求めるのは特殊な場合を除き不可能に近いのだが，ホモロジーを用いると割と簡単にその値を下から評価することができる．すなわち，線形写像 $f_*: H_*(M, \mathbb{R}) \to H_*(M, \mathbb{R})$ の固有値の絶対値のうち最大のものを $\sigma(f_*)$ とすると（f が C^∞ 級であれば）

$$\log \sigma(f_*) \le h_{\mathsf{top}}(f)$$

という定理が成り立つのである．したがって，f_* が絶対値が 1 より大きい固有値をもてば，f は位相的エントロピーの意味でカオス的であるといえるのである．

この定理は力学系の複雑さを研究するうえで非常に重要なものであるが，相空間が位相的に自明な空間，例えば $M = \mathbb{R}^n$ だったりするとホモロジー群が消えてしまうために何の情報も得られない．そこで，M 全体で考えるのではなく，注目したい領域の近傍 N に力学系を局所化して議論する．例えば，$M = \mathbb{R}^2$ 内の領域 N に我々は着目したいとする（図 7.17）．f を N の上だけで考えた

---

[12]以下の話題を包括的に記述した書籍はまだない．ホモロジー理論を用いて力学系を調べる技法については少し古い本だが J. Franks, "Homology and Dynamical Systems" (AMS, 1982) が名著である．コンレイ指数や有向グラフ，計算アルゴリズムついては触れられていない．それら比較的近年の発展を含むサーベイ論文として Z. Arai, H. Kokubu and P. Pilarczyk, "Recent development in rigorous computational methods in dynamical systems", Japan J. Ind. Appl. Math., 26 (2009), 393-417 がある．

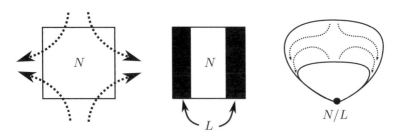

図 7.17　N/L の構成

いのだが，一般に f は N から N への写像にはならず，$f(N)$ は N の外にはみ
出してしまう．外に出てゆく軌道の情報は我々には不要なので，そのような点
は一点に潰してしまおう．すなわち，$\{x \in N \mid f(x) \notin N\}$ の近傍 L をとり，
これを一点に潰して空間 N/L を得る．もとの N は一点とホモトピー同値なの
で位相的には自明な空間だったのたが，N/L は円周とホモトピー同値となり，
位相的に非自明な空間となっていることに注意する．商空間上に f から誘導さ
れる写像 $\tilde{f}: N/L \to N/L$ は，L をうまく選べば連続となり，そのホモロジー
$\tilde{f}_* : H_*(N/L) \to H_*(N/L)$ を調べることで N 内でのもとの力学系の情報を抜
き出すことができる．例えば f の位相的エントロピーについても，

$$\sigma(\tilde{f}_*) \leq h_{\mathsf{top}}(\tilde{f}) \leq h_{\mathsf{top}}(f)$$

となることから $\tilde{f}_*$ の固有値を用いて評価することができる．

　上記ような議論を系統的に行なうための枠組みがコンレイ指数理論と呼ばれ
るものであり，エントロピーの評価以外にも強力な定理が数多く整備されてい
る．しかし，具体的な力学系に対して理論を適用しようとすると，「どのように
して近傍 N を見つけたらよいのかわからない」「複雑な近傍 N に対して手計
算ではホモロジーの計算ができない」という点が問題になる．このような問題
を計算機を援用しながら突破するために，精度保証付き数値計算や計算ホモロ
ジー理論が用いられるようになった．

　紙面の都合により詳しくは述べられないが，大まかな議論の流れは以下のよ
うなものである．

　まずは相空間を離散化して計算機で扱うために，$\mathbb{R}^n$ を等しい大きさの n 次

元長方形たちにより分割する（図 7.18 左図）.

それぞれの長方形 ω に対して，その f による像 $f(\omega)$ を計算したいのだが（図 7.18 右図），数値計算にともなう誤差のため，正確に像を求めることは一般に不可能である．そこで，正確に像を計算することはあきらめ，像を包み込む長方形を求めることを考える．精度保証付き数値計算を使えば，これはコンピュータで実行することができる．これにより 図 7.19 の左図のように，真の像 $f(\omega)$ を内部に含む長方形 $F(\omega)$ を求めることができる．次にこの $F(\omega)$ を，最初に定めた $\mathbb{R}^n$ の分割を用いて表現したい．そこで $F(\omega)$ と交わる分割の要素をすべて集めて，これを $\mathcal{F}(\omega)$ とおくことにしよう（図 7.19 右図）.

以上により，長方形 ω の写像による像 $f(\omega)$ を外側から包み込む長方形の集合 $\mathcal{F}(\omega)$ を求めることができた．この作りかたから $f(\omega) \subset \mathcal{F}(\omega)$ が数学的に厳密に成立していることに注意しよう.

さて，以上の構成をもとに力学系 f の情報を表現する有向グラフ $G = G(f, N)$ を構成しよう．G の頂点集合として，$\mathbb{R}^n$ の分割の要素集合をとる．すなわち相空間の長方形一つ一つがグラフ G の頂点一つに対応する（図 7.20 左図）．考える領域を有界なものに制限して，頂点の数は有限個としておく．ある頂点 ω から出る辺をどう定義するかというと，ω からは $\mathcal{F}(\omega)$ に含まれる各長方形に対応する G の頂点に辺が出ているとする（図 7.20 右図）.

こうして得られた有向グラフ G は，f の離散的な近似と考えることができる．近似とはいっても，$f(\omega) \subset \mathcal{F}(\omega)$ が成立しているので，f のすべての軌道に対して，それに対応する G の道が存在するという良い性質をもつ．これは，ある点 $x \in \omega$ の像 $f(x)$ が長方形 ω' に入っているとすれば，グラフ G にはその事実を表現する ω から ω' への辺が必ず存在することを意味する.

グラフ G を用いると，力学系の様々な重要な構造が表現できる．例えば領域 N 内にずっと留まる点たちの集合 $\mathrm{Inv}(N)$ を問題にしよう．いまグラフ G の部分グラフを

$$\mathrm{Inv}\, G := \{ v \in G \mid v \text{ を通る無限に長い道が存在する} \}$$

と定義し，$\mathrm{Inv}\, G$ に含まれる頂点に対応する直方体を集めた $\mathbb{R}^n$ の部分集合を $|\mathrm{Inv}\, G|$ と書くと，$\mathrm{Inv}(N) \subset |\mathrm{Inv}\, G|$ が成立する．すなわち我々が知りたい

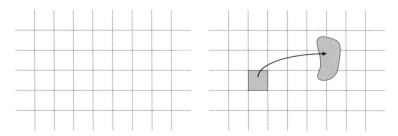

図 7.18　左：$\mathbb{R}^2$ の分割，右：長方形 ω と f による像 $f(\omega)$

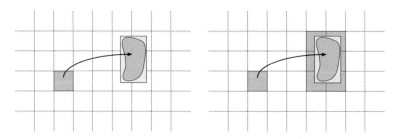

図 7.19　左：$f(\omega)$ を被覆する $F(\omega)$，右：$F(\omega)$ と交わる長方形の集合 $\mathcal{F}(\omega)$

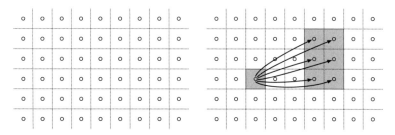

図 7.20　左：G の頂点，右：G の頂点 ω から出る辺

Inv(N) という，力学系として大事な集合を，グラフを用いて外側から近似する
ことができるのである．

さらに，グラフ G の情報からコンレイ指数を計算するための近傍対 (N, L)
を構成するアルゴリズムも知られており，これにより計算機を用いてコンレイ
指数を求め，そこからもとの力学系の情報を引き出すことができるようになっ
たのである．

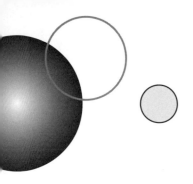

第8章

コンピュータの利用

8.1 Wolfram Alpha

　この本で扱った求積法や数値解法を，もはやスマートフォンからWebサイトにアクセスして実行させることが可能な時代になっている．そのようなサイトの嚆矢であり，今現在も最先端をゆくのが **Wolfram Alpha** である．Wolfram Alpha は，著名な数式処理ソフトウェア Mathematica の開発元であるウルフラム・リサーチが開発・運営しているシステムであり，数学に関する質問を投げかけると答えを返してくれる．まるで検索エンジンのように用いることができるが，既存のウェブサイトへのリンクを返すのではなく，問題の意味を解析して可能な限りの手法で問題を解いてくれる．Wolfram Alpha のトップページ http://www.wolframalpha.com/ にアクセスすると（図 8.1），Google などの検索サイトと同様の入力フォームが現れ，ここに質問を入力する[1]．

　自然言語解析も行なうので，問題の入力形式はかなり自由である．例えば Wolfram Alpha に

```
What is the sum of integers from 1 to n?
```

と質問すると，

$$\frac{1}{2}n(n+1)$$

と答えてくれるし，少し意地悪をして

---

[1] 日本語版 http://ja.wolframalpha.com/もある.

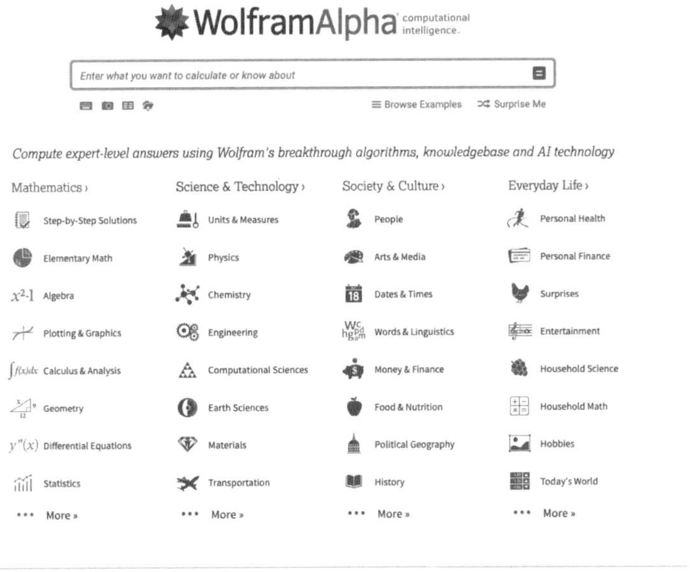

図 8.1 Wolfram Alpha のトップページ

```
What is the sum of all integers?
```

と尋ねても，

```
Sum does not converge.
```

という正しい答えが返ってくる[2]．Wolfram Alpha はサーバ上で動くので，自分のコンピュータにソフトウェアをインストールする必要はない．ネットへのアクセスさえできればよいので，スマートフォンからも利用できるし，iOS や Android 用の専用アプリも存在する．実は Wolfram Alpha は iOS が搭載する Siri システムのバックエンドとしても動いているので，数学的な質問を Siri に投げかけたときに答えているのは Wolfram Alpha である．

　Wolfram Alpha は様々な数学の問題を解けるが，もちろん常微分方程式の問題も得意である．例えば簡単な例として

---

[2] もちろん "Answer to the Ultimate Question of Life, the Universe, and Everything" と尋ねれば 42 と答えてくれるし，元ネタまで示してくれる．

```
x'' = -x
```

と入力してみよう．これは，

$$\frac{d^2x}{dt^2} = -x$$

という調和振動子の微分方程式を意味する．解答は図 8.2 のようになり，一般解だけでなく，いくつかの初期値での特殊解まで構成してくれる．初期値を指定することもできて，

```
x'' = -x, x(0) = 3, x'(0) = -1
```

とすれば $x(0) = 3$, $x'(0) = -1$ に対応する特殊解 $x(t) = 3\cos t - \sin t$ を示し，その軌道を描いてくれる．

　もう少し複雑なものとして例えば

```
x'(t) = x(t)^2 + 1
```

を入力してみよう．これは

$$\frac{dx}{dt} = x^2 + 1$$

なので，リッカチ型方程式であるが，Wolfram Alpha はこの方程式がリッカチ型であることを見抜き，変数分離して解いてくれる．

　また Wolfram Alpha では明示的に数値積分を行なわせることもできる．例えば

```
Runge-Kutta method, dx/dt = -2xt,
x(0) = 2, from 1 to 3, h = .25
```

と入力してみよう（実際は 1 行で入力する）．これは，

$$\frac{dx}{dt} = -2xt$$

という微分方程式を $x(0) = 2$ という初期条件でルンゲ・クッタ法で積分せよという命令であり，$h = .25$ は時間を離散化する刻み幅の指定である．この方程式の場合，真の解が

$$x(t) = 2e^{-t^2}$$

と変数分離で求まるので，真の解との誤差まで解析してくれる．

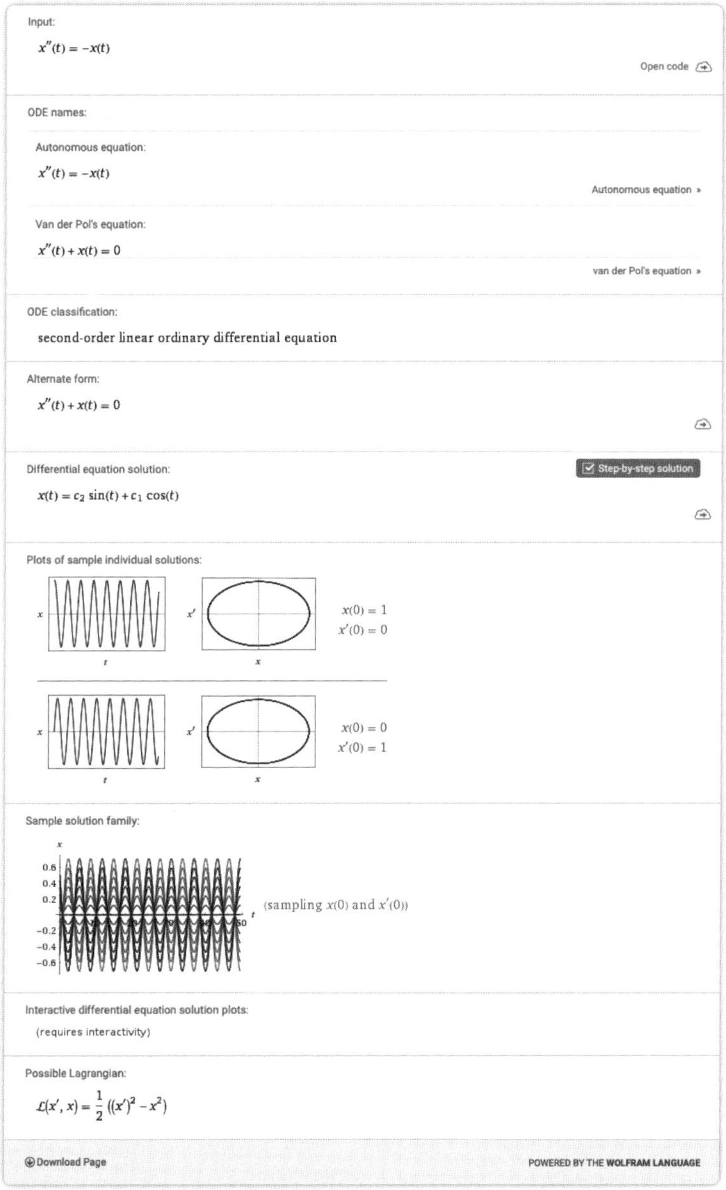

Input:

$x''(t) = -x(t)$

Open code

ODE names:

Autonomous equation:

$x''(t) = -x(t)$

Autonomous equation »

Van der Pol's equation:

$x''(t) + x(t) = 0$

van der Pol's equation »

ODE classification:

second-order linear ordinary differential equation

Alternate form:

$x''(t) + x(t) = 0$

Differential equation solution:

Step-by-step solution

$x(t) = c_2 \sin(t) + c_1 \cos(t)$

Plots of sample individual solutions:

$x(0) = 1$
$x'(0) = 0$

$x(0) = 0$
$x'(0) = 1$

Sample solution family:

(sampling $x(0)$ and $x'(0)$)

Interactive differential equation solution plots:

(requires interactivity)

Possible Lagrangian:

$\mathcal{L}(x', x) = \frac{1}{2}\left((x')^2 - x^2\right)$

⊕ Download Page

POWERED BY THE **WOLFRAM LANGUAGE**

図 **8.2** Wolfram Alpha による $\ddot{x} = -x$ の解答

8.2　SageMath

前節でみたように，微分方程式に関する基本的な問題ならば Wolfram Alpha
で十分に対応できるのだが，複雑な方程式の場合はなかなか思ったように質問
の意図を解釈してくれなかったり，細かい条件を指定するのが面倒であったり
もする．より本格的な解析をしたり，背後で動いているアルゴリズムの詳細を
勉強したりするためには自分の手元のコンピュータで動くソフトウェアのほう
が都合のよいことも多い．

　数学の問題を解いてくれるソフトウェアとしては，主に記号的・代数的な
操作を得意とする **数式処理ソフトウェア** と，主に数値的な操作を得意とする
数値解析ソフトウェア がある．前者の代表は Mathematica や Maple であり，
後者としては MATLAB が最も広く用いられている．これらは有料のソフト
ウェアであるが，ほぼ同等の機能をもつ無料のソフトウェアも開発されている．

　本節では，数式処理ソフトウェアと数値解析ソフトウェアの双方の機能をも
つ **SageMath** を紹介する．SageMath は無料で入手でき，またソースコード
を見て内部で何をやっているか理解でき，必要に応じて改変する自由もあるフ
リーソフトウェアであることから，近年その利用が広まっている．

　SageMath は単独のソフトウェアというよりも，数学に関連する複数のソフ
トウェアの集合体というほうが実態に近い．数学や数値解析の研究者が独立に
開発したプログラムが世界中にたくさんあるのだが，利用方法がそれぞれ全く異
なっているため，個別にインストールして利用方法を習得するには多大な苦労が
必要となってしまう．そこでそれらを一括でインストールし，なるべく共通のイ
ンターフェイスのもとに利用方法を統一したのが SageMath である．入出力の
インターフェイスとしては Python が用いられており，基本的な文法は Python
と同一である．Python も機械学習など数学に関連する場面での利用が広まって
いるので，Python に親しむ機会としても SageMath の利用はおすすめである．

　SageMath はオフィシャル Web サイト `http://www.sagemath.org/` より
無料で各種 OS 版がダウンロードできる（図 8.3）．様々なパッケージを含む巨
大なソフトウェアなのでファイルサイズは大きいが，インストール自体は非常
に簡単で特に悩むところはない．

図 **8.3** SageMath のトップページ

微分方程式に入る前に，まずは微分の操作をしてみよう．SageMath を起動して

```
x = var("x")
y = x^3 * cos(x)
diff(y, x)
```

と入力してみる．出力としては

-x^3*sin(x) + 3*x^2*cos(x)

が得られたはずである．この計算結果は

$$\frac{d}{dx}(x^3 \cos x) = -x^3 \sin x + 3x^2 \cos x$$

を意味している．実際の実行画面が図 8.4 である．ターミナルから実行することもできるが，ここでは SageMath に標準で含まれる Jupyter Notebook という環境で実行している（普通にアプリケーションとして SageMath Notebook を起動すると，ブラウザ上で Jupyter Notebook が開かれる）．図で In[1] とある

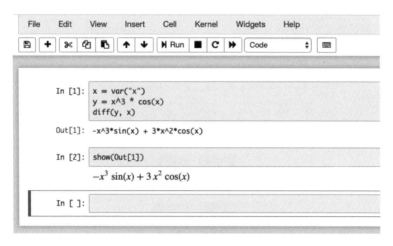

図 8.4 SageMath の実行画面

のが入力内容であるが，In[1] の中での改行には Enter キーを用いる．In[1]
の3行を入力したあとに "Run" ボタンを押すか Shift キーと Enter キーを同
時押しすると，命令が実行され，出力が Out[1] に表示される．図では，その後
さらに出力内容に対して show コマンドを適用することで，数式の LaTeX を
用いた表示を得ている．入力の1行目の x = var("x") は，x という文字に未
知変数としての意味を割り当てるという命令である．この命令をしておかない
と，x という文字を見たときに Python はそれを未知変数だとは思わず，x に
割り当てられた数値を探しにいってしまい，エラーになる．2行目は y の定義，
3行目は y を x で微分しなさいという命令である．

　実は，上の定義だと，y は単純に文字列として扱われ，関数としての機能は
もっていないので，y(3) などして値を取り出そうとするとエラーになる．関数
としての機能をもたせるためには

```
x = var("x")
y = function("y")(x)
y = x^3 * cos(x)
```

とすればよい．これで，y は引数として x をとる関数として定義される．この
とき，x = 3 に対する y の値は

```
y(x = 3)
```

と入力すれば

27*cos(3)

と答えが返ってくる[3]. この答えを見てもわかるように, SageMath は近似数値を用いることを可能な限り避けようとし, cos などの初等関数は関数名がそのまま返ってくる. もし数値が必要ならば, 関数 N を用いて

```
N(y(x = 3))
```

と入力すれば,

-26.7297974082120

という近似値が返ってくる. さらに高い精度の数値が必要であれば,

```
N(y(x = 3), digits=40)
```

などと必要な桁数を指定できる. この場合の出力は

-26.72979740821202734633246545774405516463

となる. 1000 桁でも 1 万桁でも必要なだけ計算してくれるので, 試してみよう.

さて, それでは SageMath を用いて常微分方程式を解いてみよう. まずは最も単純に

$$\frac{dx}{dt} = x(t)$$

を考えよう. SageMath に

```
t = var("t")
x = function("x")(t)
de = diff(x, t) == x
desolve(de, x)
```

と入力すると, 答えとして

_C*e^t

---

[3]引数の名前を指定せずに y(3) としても同じ答えが返ってくるが, SageMath の将来のバージョンではこのような略記は使えなくなる予定なので注意されたい.

が返ってくる．入力の 1 行目では独立変数 t を宣言し，2 行目では x を t の関数として宣言した．3 行目が常微分方程式の定義であり，変数 de に「x の t に関する微分が x に等しい」という式を代入している[4]．4 行目で常微分方程式を解く関数 desolve (Differential Equation SOLVEr) を呼び出し，積分定数 C と e^t の積として一般解が得られた．初期値を指定したければ，desolve に対して ics オプションを指定する．例えば

```
desolve(de, x, ics=[0, 5])
```

とすれば，$x(0) = 5$ という初期値を通る解

```
5*e^t
```

が得られる．

　求積法で解けない場合には，数値解法を用いることになる．desolve の代わりに desolve_odeint を用いると，方程式の性質に応じて適当な解法を選んで解を構成してくれる．例えばローレンツ方程式

$$\dot{x} = -\sigma x + \sigma y$$
$$\dot{y} = \rho x - y - xz$$
$$\dot{z} = -\beta z + xy$$

を調べたければ，

---

[4]Python を含む多くのプログラミング言語では，記号 = は右辺を左辺に代入するという意味であり，右辺と左辺が等しいという意味には等号を二つ重ねた == を用いる．

```
x, y, z = var("x, y, z")
sigma = 10
rho = 28
beta = 8/3
lorenz_eq = [sigma * (y - x), x * (rho - z) - y, \
x * y - beta * z]
times = srange(0, 50, 0.01)
ics = [0, 1, 1]
sol = desolve_odeint(lorenz_eq, ics, times, \
[x, y, z], rtol=1e-13, atol=1e-14)
```

とすると計算してくれる. ここでパラメータは $\sigma = 10$, $\rho = 28$, $\beta = 8/3$ という, ローレンツが最初の論文で調べたパラメータを選び, 初期値は $(x, y, z) = (0, 1, 1)$ としている. 入力の途中に出てくる \ は入力行の途中で改行することを SageMath に伝えるための記号である. もちろん改行せずに1行で入力してもよい. 軌道をプロットするには

```
list_plot(sol, plotjoined=True)
```

とするとよい. これで, 図8.5のように軌道が表示され, 自由に回転させて眺

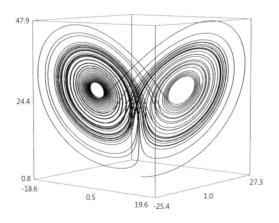

図 8.5 ローレンツ方程式の軌道プロット

めることができる. 引数の `plotjoined=True` は, ただの点列として表示する
のではなく, 点と点を線でつないで表示しろという指定である.

　用いる数値解法を指定したいなら, 例えば `desolve` の代わりに `desolve_rk4`
を用いれば4段ルンゲ・クッタ法が実行される. なお, SageMathに `ode_solver?`
と入力すると, 使える解法の一覧を見ることができる.

　線形の方程式に限られるが, SageMath はベキ級数による解法も実行できる.
解ける方程式は

$$\frac{dx}{dt} = p(t) * x(t) + q(t)$$

の形のものである. 例えば, $p(t) = -1$, $q(t) = 2$ という定数係数の場合には

```
R.<t> = PowerSeriesRing(QQ)
p = -1 + 0*t
q = 2 + 0*t
x = p.solve_linear_de(b=q, f0=3, prec=10)
x
```

とすると, 答えとして

```
3 - t + 1/2*t^2 - 1/6*t^3 + 1/24*t^4
  - 1/120*t^5 + 1/720*t^6 - 1/5040*t^7
  + 1/40320*t^8 - 1/362880*t^9 + O(t^10)
```

が得られる. 1行目の `R.<t> = PowerSeriesRing(QQ)` は計算を $\mathbb{Q}$ (有理数) 係
数の多項式環で行なうという宣言である. 2行目, 3行目は $a(t)$ と $b(t)$ を多項式
環の元として定義している. 計算が実行されるのはメソッド `solve_linear_de`
の部分である. このメソッドは係数オブジェクト `p` のメソッドとして実装され
ているので `p.solve_linear_de()` という形で呼び出している. 引数のうち,
`b` は方程式の定数項, `f0` は求める解の定数項の値, `prec` はベキ級数を打ち切
る次数である. よって上の例では, 方程式 $\dot{x} = -x + 2$ の, 定数項が3の解に
ついて, そのベキ級数を10次で打ち切ったものを求めたことになる.

　得られた答えは普通の数式で書くと

$$3 - t + \frac{1}{2}t^2 - \frac{1}{6}t^3 + \frac{1}{24}t^4 - \frac{1}{120}t^5 + \frac{1}{720}t^6$$
$$- \frac{1}{5040}t^7 + \frac{1}{40320}t^8 - \frac{1}{362880}t^9 + O(t^{10})$$

となり，確かに微分方程式 $\dot{x} = -x + 2$ の解の展開になっている．このことを SageMath で確かめるためには

```
x.derivative() - p * x - q
```

と入力してみよう．これは $\dfrac{dx}{dt} - px - q$ を計算している．答えは

```
O(t^9)
```

となり，計算した 9 次の項までは消えていることが確かめられた．

なお，方程式の係数を，高次の項を明示せずに与えることもできる．例えば

```
R.<t> = PowerSeriesRing(QQ)
p = 2 - 3*t + 4*t^2 + O(t^10)
q = 3 - 4*t^2 + O(t^7)
x = p.solve_linear_de(b=q, f0 = 3/5, prec=5)
show(x)
```

と入力すると，確かに解を計算してくれる．ベキ級数解法においては解の低次の項を求めるためには係数の高次の項の情報は不要だから，このような計算が可能になるのである．

問題の解答

問題 1.1 ノイマン境界条件は, 位置は気にせずに $t = \tau_0$ と $t = \tau_1$ での速度 $\dot{x}(\tau_0) = v_0$, $\dot{x}(\tau_1) = v_1$ だけを指定するものである. 簡単のため $\tau_0 = 0$, $\tau_1 = 1$ としよう. (1.4) より $\dot{x}(0) = C_1$, $\dot{x}(1) = C_1 - gt$ なので, $C_1 = v_0$ かつ $C_1 - g = v_1$ となる. したがって $v_1 = v_0 - g$ でないと解が存在しない. 速度の時間変化は重力加速度だけで決まるので, 勝手な値を指定できないのである. また, 速度だけを指定しているので, C_0 は定まらない.

混合境界条件, 例えば $x(0) = \xi_0$ かつ $\dot{x}(1) = v_1$ を考えよう. 最初の条件から $C_0 = \xi_0$ となり, 二つ目の条件から $C_1 = v_1 + g$ と解が定まる. 境界条件としては与えられていない $t = 0$ での速度 C_1 をうまく調整して, 両方の条件をみたすようにできたことになる.

問題 2.1 方程式 (1.3) を表現するには $F(\tau, \xi_0, \xi_1, \xi_2) = g + \xi_2$ とおけばよい. 同様に (1.1) は $F(\tau, \xi_0, \xi_1) = \xi_0 - \xi_1$ を用いて表される.

問題 2.4 (2.8) の解 $x(t)$ に対して $X(s) = (s, x(s))$ とおくと, $t = t(s) = s$ より

$$
\frac{dX}{ds} = \frac{d}{ds}\begin{pmatrix} s \\ x(s) \end{pmatrix} = \begin{pmatrix} 1 \\ \frac{dx}{ds} \end{pmatrix} = \begin{pmatrix} 1 \\ v(s, x(s)) \end{pmatrix}\begin{pmatrix} 1 \\ v(t(s), x(s)) \end{pmatrix}
$$

となり, $X(s)$ は (2.9) の解である. また逆に, $X(s) = (t(s), x(s))$ が (2.9) の $t(0) = 0$ をみたす解とする. このとき $\frac{dt}{ds} = 1$ と $t(0) = 0$ より, $t = t(s) = s$ がすべての s で成立する. (2.9) の 2 行目より $\frac{dx}{ds} = v(t(s), x(s)) = v(s, x(s))$ なので, x は (2.8) の解である.

問題 2.5 簡単のため $\tau = 0$ とする (一般の場合は時間を平行移動すればよい). 二つの曲線を $x(t) = \xi + \dot{x}(0)t + X(t)$, $y(t) = \xi + \dot{y}(0)t + Y(t)$ と書くと, 曲線の微

分可能性より $\|X(t)\| = o(t)$, $\|Y(t)\| = o(t)$ である（ここで o はランダウ記号を表す）．これより，

$$\lim_{t \to 0} \frac{\|x(t) - y(t)\|}{t} = \lim_{t \to 0} \frac{\|(\dot{x}(0) - \dot{y}(0))t + (X(t) - Y(t))\|}{t}$$
$$= \lim_{t \to 0} \left\| (\dot{x}(0) - \dot{y}(0)) + \frac{X(t) - Y(t)}{t} \right\|$$

が得られるが，$\|X(t) - Y(t)\| = o(t)$ より $\dot{x}(0) \neq \dot{y}(0)$ ならばこの極限は 0 にならない．よってこのとき曲線は接しない．また $\dot{x}(0) = \dot{y}(0)$ ならば，上の極限は $\lim_{t \to 0} \left\| \frac{o(t)}{t} \right\| = 0$ となり，曲線は接する．

問題 2.7　運動エネルギーと位置エネルギーの和の時間微分は

$$\frac{d}{dt}\left(\frac{m\dot{x}^2}{2} + \frac{kx^2}{2} \right) = m\dot{x}\ddot{x} + kx\dot{x} = \dot{x}(m\ddot{x} + kx)$$

であるが，x が微分方程式 $m\ddot{x} = -kx$ をみたすことから，この式は 0 となる．よって運動エネルギーと位置エネルギーの和は時間によらず一定である．また，和が一定となる相空間の点のなす集合は楕円である．

問題 3.5　関数 $x(t)$ が $\dot{x} = v(x)$ をみたすとき，$y(t) = x(\lambda t)$ とおくと，合成関数の微分法則より

$$\frac{d}{dt}y(t) = \frac{d}{dt}x(\lambda t) = \lambda \frac{dx}{dt}(\lambda t) = \lambda v(x(\lambda t)) = \lambda v(y(t))$$

となる．よって $y(t)$ は微分方程式 $\dot{x} = \lambda v(x)$ の解である．

問題 3.12　(3.11) の両辺を x で微分すると，

$$\frac{(3x^2 + 3y^2 y')xy - (x^3 + y^3)(y + xy')}{x^2 y^2} = 0$$

となる．分子 $= 0$ とおいた式を y' について整理すると，(3.9) が得られる．

問題 5.1　(5.1) の両辺を t_0 から t まで積分すると $x(t) - x(t_0) = \int_{t_0}^{t} v(s, x(s))\, ds$ となり，これに $x(t_0) = x_0$ を代入すると (5.2) が得られる．また，(5.2) の両辺を微分して (5.1) を得る．

問題 5.3　f が縮小写像であるとすると，ある定数 λ に対して $\delta(f(p)-f(q)) \leq \delta(p-q)$ が任意の p, q に対して成立する．よって，$\delta(p-q) \to 0$ ならば $\delta(f(p)-f(q)) \to 0$ となるので，f は連続である．

問題 5.6　f がリプシッツ連続であるとすると，ある定数 L に対して $\|f(p)-f(q)\| \leq L\|p-q\|$ が任意の p, q に対して成立する．よって，$\|p-q\| \to 0$ ならば $\|f(p)-f(q)\| \to 0$ となるので，f は連続である．

問題 6.4　ベキ級数 (6.4) と，それを 2 回微分した $\ddot{x}(t) = \displaystyle\sum_{k=0}^{\infty} (k+2)(k+1)a_{k+2}t^k$ を方程式に代入すると，

$$a_{k+2} = -\frac{a_k}{(k+2)(k+1)}$$

という漸化式が得られる．よって，a_0 および a_1 を定めると

$$a_{2n} = a_0 \cdot \frac{(-1)^n}{2n!}, \quad a_{2n+1} = a_1 \cdot \frac{(-1)^n}{(2n+1)!}$$

とすべての係数が定まる．これより，

$$x(t) = a_0 \sum_{n=0}^{\infty} \frac{(-1)^n}{2n!} t^{2n} + a_1 \sum_{n=0}^{\infty} \frac{(-1)^n}{(2n+1)!} t^{2n+1} = a_0 \cos(t) + a_1 \sin(t)$$

となる．

問題 6.9　自分でプログラムを書くのも難しくないが，第 8 章で紹介する SageMath を用いると簡単に実験ができる．第 8 章の数値解法の例において，desolve_odeint を desolve_rk4 におきかえるとルンゲ・クッタ法を明示的に適用することができる．Sage-Math にはオイラー法を実行する関数 eulers_method および eulers_method_2x2 も実装されている．これらの関数の使い方は，関数名の後に？をつけて実行すると読めるヘルプを参照のこと．

参考文献

[1] V. I. アーノルド，常微分方程式，現代数学社，1981
[2] 伊藤秀一，常微分方程式と解析力学，共立出版，1998
[3] 金子晃，微分方程式講義，サイエンス社，2014
[4] 高崎金久，常微分方程式，日本評論社，2006
[5] 高橋陽一郎，微分方程式入門，東京大学出版会，1988
[6] 三井斌友・小藤俊幸，常微分方程式の解法，共立出版，2000
[7] 吉田伸生，微分積分，共立出版，2017
[8] 石村直之，偏微分方程式の解法，共立出版から刊行予定
[9] 齊藤宣一，数値解析，共立出版，2017
[10] 相川弘明，複素関数入門，共立出版，2016
[11] 國府寛司，力学系の基礎，朝倉書店，2000
[12] C. ロビンソン，力学系 上・下，シュプリンガー・フェアラーク東京，2001
[13] M. Hirsch, S. Smale, R. L. Devaney, 力学系入門，共立出版，2017
[14] 大石進一編著，精度保証付き数値計算の基礎，コロナ社，2018
[15] F. ディアク，P. ホームズ，天体力学のパイオニアたち 上・下，丸善出版，2004
[16] 中西襄，微分方程式：物理的発想の解析学，丸善出版，2016
[17] 稲津將，解ける！使える！微分方程式，北海道大学出版会，2016

　常微分方程式の教科書は莫大な数が出版されているが，本書のために特に参考にしたのが [1, 2, 3, 4, 5, 6] である．それぞれ特徴のある名著なので，ぜひ手にとって眺めていただきたい．なかでも [1] は，アーノルドの深い幾何学的洞察が随所にちりばめられた，少し難しいけれど読んで楽しい一冊である．残念ながら日本語訳は品切れで入手しづらいが，英語版なら V. I. Arnold, "Ordinary Differential Equations" として Springer から販売されている．ま

た [7, 8, 9, 10] は本書と同じ「数学探検」シリーズの書籍であり，本文中で基礎文献として引用した．力学系理論の入門書としては [11, 12, 13] などが広く読まれている．精度保証付き数値計算については書籍がまだ少ないのだが，最近出版された [14] がかなり幅広い内容を扱っている．常微分方程式が物理学などで活躍する様子を描いた本として，[15, 16, 17] などはたいへん読み応えがある．

索　引

〈著 者 紹 介〉

荒井　迅（あらい　じん）
2003年　京都大学大学院理学研究科博士後期課程 修了
現 在　中部大学創発学術院 教授
　　　　博士（理学）
専 門　力学系
著 書　『圏論の歩き方』（共著，日本評論社，2015）
　　　　『越境する数学』（共著，岩波書店，2013）

共立講座 数学探検　第 15 巻
常微分方程式の解法
An Introduction to
Ordinary Differential Equations

2020 年 1 月 15 日　初版 1 刷発行

著　者　荒井　迅 ⓒ2020

発行者　南條光章

発行所　**共立出版株式会社**

郵便番号 112-0006
東京都文京区小日向 4 丁目 6 番 19 号
電話 (03) 3947-2511（代表）
振替口座 00110-2-57035 番
URL www.kyoritsu-pub.co.jp

印　刷　加藤文明社

製　本　協栄製本

検印廃止
NDC 413.62

ISBN 978-4-320-11188-2

一般社団法人
自然科学書協会
会員

Printed in Japan

新井仁之・小林俊行・斎藤　毅・吉田朋広 編

「数学探検」「数学の魅力」「数学の輝き」
の三部構成からなる新講座創刊！

共立講座

数学の基礎から最先端の研究分野まで
現時点での数学の諸相を提供！！

数学探検　全18巻
数学を自由に探検しよう！

数学の魅力　全14巻 別巻1
確かな力を身につけよう！

数学の輝き　全40巻 予定
専門分野の醍醐味を味わおう！

「数学探検」各巻：A5判・並製
「数学の魅力」各巻：A5判・上製
「数学の輝き」各巻：A5判・上製

※続刊の書名，執筆者，価格は
変更される場合がございます
（税別本体価格）

※本三講座の詳細情報を共立出版公式サイト
「特設ページ」にて公開・更新しています。

共立出版

https://www.kyoritsu-pub.co.jp/
https://www.facebook.com/kyoritsu.pub